BERICHTE ÜBER DIE VERHANDLUNGEN DER SÄCHSISCHEN
AKADEMIE DER WISSENSCHAFTEN ZU LEIPZIG

Mathematisch-naturwissenschaftliche Klasse

Band 97 Heft 4

HERBERT BECKERT

Existenz- und Eindeutigkeitsbeweise für das Differenzenverfahren zur Lösung des Anfangswertproblems, des gemischten Anfangs-Randwert- und des charakteristischen Problems einer hyperbolischen Differentialgleichung zweiter Ordnung mit zwei unabhängigen Variablen

1950

AKADEMIE VERLAG BERLIN

Vorgelegt durch Herrn Hölder in der Sitzung vom 21. März 1949

Manuskript eingeliefert am 11. Juli 1949

Druckfertig erklärt am 4. Mai 1950

Erschienen im Akademie-Verlag GmbH., Berlin NW 7, Schiffbauerdamm 19

Lizenz-Nr. 156 · 6402/49 - 8722/49

Satz und Druck Buchdruckerei Oswald Schmidt GmbH., Leipzig M 118

Bestell- und Verlagsnummer: 2027/97/4

Preis: DM 9,—

Problemstellung

Das Anfangswertproblem einer quasilinearen partiellen hyperbolischen Differentialgleichung zweiter Ordnung mit zwei unabhängigen Variablen läßt sich nach LEWY auf die Lösung des Anfangswertproblems eines Systems quasilinearer partieller Differentialgleichungen erster Ordnung der speziellen Gestalt zurückführen:

$$\text{I} \quad \begin{aligned} a_i \frac{\partial x}{\partial \alpha} + b_i \frac{\partial y}{\partial \alpha} + c_i \frac{\partial z}{\partial \alpha} + d_i \frac{\partial p}{\partial \alpha} + e_i \frac{\partial q}{\partial \alpha} &= 0 \qquad i = 1, 2, 3 \\ a_i \frac{\partial x}{\partial \beta} + b_i \frac{\partial y}{\partial \beta} + c_i \frac{\partial z}{\partial \beta} + d_i \frac{\partial p}{\partial \beta} + e_i \frac{\partial q}{\partial \beta} &= 0 \qquad i = 4, 5 \end{aligned}$$

Hierbei sollen die Koeffizienten: $a_i \cdots e_i$ zweimal stetig differenzierbar von $x, y \cdots q$ abhängen. α, β bedeuten die beiden charakteristischen Parameter, die so gewählt werden, daß das Bild des vorgelegten Anfangskurvenstückes in der α, β-Ebene auf eine Strecke L auf der Geraden $\alpha + \beta = 0$ fällt. Sind längs L $x(s), y(s) \cdots q(s)$ als zweimal stetig differenzierbare Funktionen der Bogenlänge vorgegeben, so liefert das LEWYsche Differenzenverfahren eindeutig bestimmte Lösungen: $x(\alpha, \beta) \cdots q(\alpha, \beta)$ von I mit stetigen partiellen Ableitungen erster Ordnung und stetigen gemischten Ableitungen: $\frac{\partial^2 x}{\partial \alpha \, \partial \beta} \cdots \frac{\partial^2 q}{\partial \alpha \, \partial \beta}$.

Diese Lösungen sind in einem gleichschenklig rechtwinkligen Dreieckbereich $\mathfrak{D}$, dessen Hypothenuse S auf L fällt, in der Halbebene $\alpha + \beta \geqq 0$ definiert und nehmen auf S die vorgelegten Anfangswerte an. Damit ist im x, y, z-Raum ein Lösungsflächenstück der hyperbolischen partiellen Differentialgleichung gefunden, das vom Anfangsflächenstreifen und zwei sich schneidenden charakteristischen Kurven begrenzt wird. Die Fortsetzung dieser Lösung führt im allgemeinen erstens auf den Problem[1])-typus, daß längs zweier sich schneidenden charakteristischen Kurven die Anfangswerte bekannt sind, und zweitens auf das Problem, wo längs einer charakteristischen Kurve die Anfangswerte vorgelegt, und längs einer daran anstoßenden regulären Randkurve des Gebietes gewisse Randbedingungen zu befriedigen sind. Bei dem letzten Problemtypus lassen sich die beiden Parameter α, β so wählen, daß in der α, β-Ebene die charakteristische Ausgangskurve auf die Achse $\alpha = 0$, das anstoßende reguläre Randstück auf die Gerade $\alpha - \beta = 0$ und der Schnittpunkt beider Kurven auf den Nullpunkt fällt.

In dieser Arbeit werden mit Hilfe der LEWYschen Methode zu den drei skizzierten Problemen Existenz- und Eindeutigkeitsbeweise gegeben. Das Beweisverfahren für die Lösung des Anfangswertproblems ist das gleiche, welches LEWY in seiner Arbeit Math. Ann. Bd. 98, S. 179–191 einschlägt, nur daß das, was in dieser knapp gehaltenen Darstellung lediglich angedeutet wurde, hier durch strenge Beweise vervollständigt werden soll.

Insbesondere enthält die Arbeit in allen Einzelheiten einen Konvergenzbeweis der Differenzenmethode. Die drei formulierten Probleme[2]) gestatten unter relativ geringem Aufwand an Rechnungen eine einheitliche Betrachtung.

Problem A:

Auf dem Abschnitt L der Geraden $\alpha + \beta = 0$ sind $x, y \cdots q$ als zweimal stetig differenzierbare Funktionen der Bogenlänge vorgegeben. Gesucht wird eine Lösung von I mit stetigen partiellen Ableitungen erster Ordnung, die in einer gewissen in der Halb-

---

[1]) K. FRANKL, R. ALEKSEJEWA: Randwertaufgaben aus der Theorie der hyperbolischen partiellen Differentialgleichungen zweiter Ordnung mit Anwendungen auf Gasströmungen mit Überschallgeschwindigkeit. Recueil math. Moscou 41, russisch.

[2]) Die Anregung zu diesen Untersuchungen verdanke ich Herrn Prof. E. HÖLDER. Sie wurden als Dissertation von der Philosophischen Fakultät der Universität Leipzig im Dez. 1947 angenommen.

ebene $\alpha + \beta \geqq 0$ liegenden Umgebung von L existiert und auf L die vorgelegten Anfangswerte annimmt. Die Determinante:

$$\Delta(a, e) = \begin{vmatrix} a_1, b_1, c_1, d_1, e_1, \\ a_2, b_2, \\ \\ a_5, b_5, \qquad e_5 \end{vmatrix}$$

soll auf L von Null verschieden und, wie wir ohne Beschränkung der Allgemeinheit annehmen, $> \delta > 0$ sein.

Problem B:

Auf dem Abschnitt L_1 der Charakteristik $\alpha = 0$ (vgl. Fig. 1) sind $x(s), y(s) \cdots q(s)$ als dreimal stetig differenzierbare Funktionen der Bogenlänge vorgelegt. Gesucht wird eine Lösung von I, die in einer gewissen von L_1, L_2 ($\alpha \geqq 0$; $\alpha - \beta \leqq 0$) begrenzten Umgebung des Punktes O existiert, auf L_1 die vorgegebenen Anfangswerte annimmt und längs L_2 den beiden Differentialrelationen genügt:

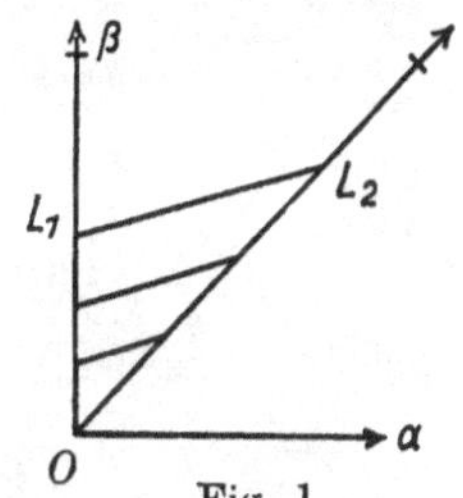

Fig. 1

$$m_i \frac{\partial x}{\partial \omega} + n_i \frac{\partial y}{\partial \omega} + \cdots s_i \frac{\partial q}{\partial \omega} = 0 \qquad i = 1, 2$$

Dabei sollen die Koeffizienten $m_i \cdots s_i$ einmal stetig differenzierbar von $x, y \cdots q$ abhängen.

($\frac{\partial x}{\partial \omega} \cdots$ bedeute die Differentialquotienten in der Richtung: $\alpha - \beta = 0$.)

In O sollen die beiden Koeffizientendeterminanten ungleich Null, und wie wir ohne Beschränkung der Allgemeinheit annehmen wollen, positiv sein:

$$\Delta(a, e) = \begin{vmatrix} a_1, b_1, \cdots e_1 \\ a_2, b_2, \cdots e_2 \\ \\ a_5, b_5, \qquad e_5 \end{vmatrix} > \delta > 0; \ \Delta(a, m) = \begin{vmatrix} a_1, b_1, \cdots e_1 \\ a_2, \qquad e_2 \\ a_3, b_3, \cdots e_3 \\ m_1, n_1; \cdot s_1 \\ m_2, n_2; \quad s_2 \end{vmatrix} > \delta^* > 0$$

Problem C:

Auf den beiden Abschnitten L_1 der Charakteristik $\alpha = 0$ und L_2 der Charakteristik $\beta = 0$ sind $x, y \cdots q$ dreimal stetig differenzierbar nach der Bogenlänge vorgegeben. Gesucht wird eine Lösung des Systems I, die in einer gewissen im Winkelbereich $\alpha \geqq 0$; $\beta \geqq 0$ liegenden Umgebung von O existiert und auf den Abschnitten L_1, L_2 die vorgegebenen Anfangswerte annimmt. Die Determinante: $\Delta(a, e)$ sei größer als $\delta > 0$ im Ursprung.

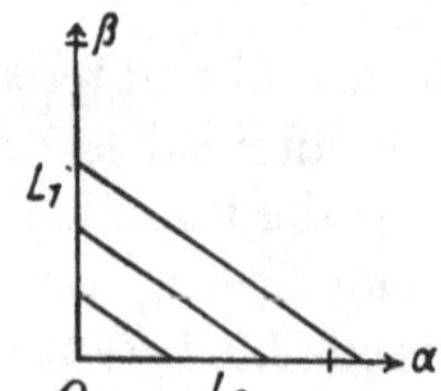

Fig. 2

Existenz der Lösungen

Entsprechend dem LEWYschen Differenzenverfahren werde über die α, β-Ebene ein quadratisches Gitter der Maschenweite h ausgebreitet und die Differentialgleichungen durch die entsprechenden Differenzengleichungen ersetzt. Wir vereinbaren die folgenden Bezeichnungen: x_{A_i} a_{iA_i} m_{iB_i} soll besagen, daß jeweils für die Argumente die Werte in den bezeichneten Gitterpunkten A_i bzw. B_i zu nehmen sind. Bei den Koeffizientendeterminanten verabreden wir folgendes: wir setzen:

$$\Delta(a_{A_{\ +1}}, a_{B_\nu}) = \Delta(A_{\nu+1}, B_\nu) \cdots$$

was bedeuten soll, daß für die Argumente in den ersten drei Zeilen die entsprechenden Werte im Gitterpunkt $A_{\nu+1}$, in den letzten beiden Zeilen diejenigen des Gitterpunktes B_ν zu nehmen sind. Analog setzen wir:

$$\Delta(a_{A_0}, m_0) = \overline{\Delta}(A_0, O)$$

Ad A_1: Die auf L liegenden Gitterpunkte:

$$(\mu h, -\mu h)$$

sollen mit den Buchstaben A_i bezeichnet werden, die auf den folgenden Schrägreihen liegenden Punkte:

$$[(\mu+1)h, -\mu h],\ [(\mu+2)h, -\mu h]\cdots$$

mit B_i, C_i usw. Die Ersetzung der Differentialquotienten durch die entsprechenden Differenzenquotienten in I liefert im Punkte A_2, A_1 das folgende System I*:

$$\text{I*}\quad \begin{aligned} &a_{iA_2}\frac{x_{B_2}-x_{A_2}}{h}+b_{iA_2}\frac{y_{B_2}-y_{A_2}}{h}+\cdots=0 \qquad i=1,2,3\\ &a_{iA_1}\frac{x_{B_2}-x_{A_1}}{h}+b_{iA_1}\frac{y_{B_2}-y_{A_1}}{h}+\cdots=0 \qquad i=4,5.\end{aligned}$$

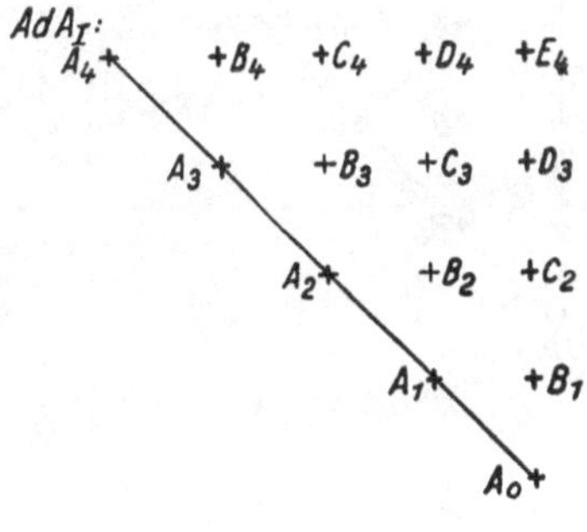

Fig. 3

Aus der Voraussetzung folgt wegen der gleichmäßigen Stetigkeit der Anfangswerte auf dem abgeschlossenen Abschnitt L, daß für genügend kleines $h < h_0$ stets gilt:

$$\Delta(A_\nu, A_{\nu-1}) = \begin{vmatrix} (a_1)_{A_\nu}, (b_1)_{A_\nu}, \cdots (e_1)_{A_\nu} \\ \\ (a_3)_{A_\nu}, (b_3)_{A_\nu}, \cdots (e_3)_{A_\nu} \\ (a_4)_{A_{\nu-1}}, \qquad \cdots (e_4)_{A_{\nu-1}} \\ (a_5)_{A_{\nu-1}}, \qquad \cdots (e_5)_{A_{\nu-1}} \end{vmatrix} \geqq \delta > 0.$$

Es werden hinfort für Problem A nur Unterteilungen der Maschenweiten $h < h_0$ zugrunde gelegt. Wie aus I* ersichtlich, kann man die Werte von $x, y \cdots q$ in den Gitterpunkten B_i der ersten Schrägreihe und von hier aus die Werte in den folgenden Schrägreihen eindeutig berechnen, vorausgesetzt, es bleiben die Determinanten $\Delta(B_\nu, B_{\nu-1}), \Delta(C_\nu, C_{\nu-1}) \cdots \neq 0$.

Ad B_1: Wir bezeichnen hier die Gitterpunkte $(O, \mu h)$ auf $\alpha = 0$ mit A_i, die auf der folgenden Parallelreihe liegenden Punkte $(1h, \mu h)$ mit B_i usw. (vgl. Fig. 4).

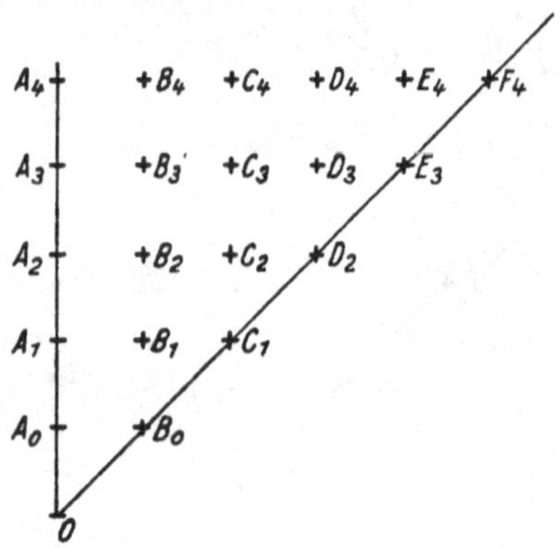

Fig. 4

Es lassen sich aus:

$$\mathrm{I}' \quad \begin{aligned} &(a_i)_{A_0} \frac{x_{B_0}-x_{A_0}}{h} + \cdots + (e_i)_{A_0} \frac{q_{B_0}-q_{A_0}}{h} = 0 \qquad i = 1, 2, 3 \\ &(m_i)_0 \frac{x_{B_0}-x_0}{h} + \cdots + (s_i)_0 \frac{q_{B_0}-q_0}{h} = 0 \qquad i = 1, 2 \end{aligned}$$

die Werte von $x, y \cdots q$ eindeutig in B_0 berechnen, falls nur h genügend klein gewählt wird, so daß noch

$$\Delta\ (a_{A_0}\, m_0) = \overline{\Delta}(A_0, O) \neq 0$$

ist.

Jetzt folgen aus dem System:

$$\text{II}' \qquad \begin{aligned} &(a_i)_{A_1}\frac{x_{B_1}-x_{A_1}}{h}+\cdots+(e_i)_{A_1}\frac{q_{B_1}-q_{A_1}}{h}=0 \qquad i=1,2,3 \\ &(a_i)_{B_0}\frac{x_{B_1}-x_{B_0}}{h}+\cdots+(e_i)_{B_0}\frac{q_{B_1}-q_{B_0}}{h}=0 \qquad i=4,5, \end{aligned}$$

falls noch $\Delta(A_1, B_0) \neq 0$ ist, eindeutig Werte für $x, y \cdots q$ im Punkte B_I, und weiterhin ergeben sich nacheinander durch Ersetzung von $A_\nu \to A_{\nu+1}$, $B_{\nu-1} \to B_\nu$ die Werte in den Punkten B_i der ersten Parallelreihe, sofern nur die Determinanten $\Delta(A_\nu, B_{\nu-1})$ $\neq 0$ bleiben. Falls $\overline{\Delta}(B_1, B_0) \neq 0$, läßt sich das Verfahren fortsetzen, und man erhält die Werte von $x, y \cdots$ in den Punkten C_i der zweiten Parallelreihe, für welche noch $\Delta(B_\nu, C_{\nu-1}) \neq 0$ bleiben usw.

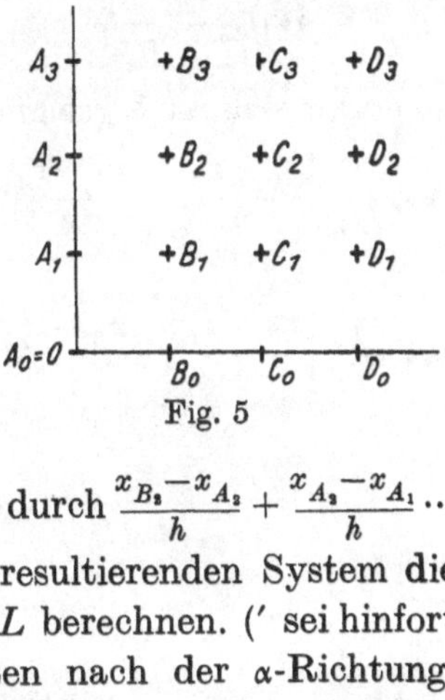

Fig. 5

Ad C_1. Die Werte in den einzelnen Gitterpunkten (vgl. Fig. 5) errechnen sich in Analogie zu Problem B.

Ad A_2: Ersetzt man in I* $\left(\frac{x_{B_1}-x_{A_1}}{h}\right)\cdots$ durch $\frac{x_{B_1}-x_{A_2}}{h}+\frac{x_{A_2}-x_{A_1}}{h}\cdots$ usw., so kann man aus dem daraus resultierenden System die Differenzenquotienten $x', y' \cdots q'$ an L berechnen. (′ sei hinfort das Zeichen für Differenzenquotienten nach der α-Richtung, ‵ dasjenige nach der β-Richtung.) Aus der stetigen Differenzierbarkeit der Anfangswerte auf dem abgeschlossenen Anfangsstück L folgt die gleichmäßige Konvergenz der Differenzenquotienten längs $\alpha+\beta=0$ auf L gegen ihre zugehörigen Differentialquotienten. Daher konvergieren die Differenzenquotienten x', y' für $\lim h \to 0$ in den Gitterpunkten auf L gleichmäßig gegen Grenzwerte, da jeweils die $\frac{x_{B_\nu}-x_{A_\nu}}{h}\cdots$ stetig von den $\frac{x_{A_\nu}-x_{A_{\nu-1}}}{h}$ abhängen. Dasselbe ergibt sich analog für die Differenzenquotienten $x^{\backprime}, y^{\backprime} \cdots q^{\backprime}$ längs L.

Subtrahiert man, um einen bestimmten Fall vor Augen zu

haben, die Gleichungen des durch obige Umformung umgeschriebenen Systems:

$$(a_i)_{A_2} \frac{x_{B_2} - x_{A_2}}{h} + \cdots = 0 \qquad i = 1, 2, 3$$

$$(a_i)_{A_1} \frac{x_{B_2} - x_{A_2}}{h} + \cdots = - a_{iA_1} \frac{x_{A_2} - x_{A_1}}{h} - \cdots \quad i = 4, 5$$

von den entsprechenden des Systems:

$$(+) \quad \begin{aligned} &(a_i)_{A_3} \frac{x_{B_3} - x_{A_3}}{h} + \cdots = 0 && i = 1, 2, 3 \\ &(a_i)_{A_2} \frac{x_{B_3} - x_{A_3}}{h} + \cdots = - a_{iA_2} \frac{x_{A_3} - x_{A_2}}{h} - \cdots && i = 4, 5, \end{aligned}$$

so ergibt sich nach geeigneter Umformung:

$$a_{iA_3} \frac{1}{\sqrt{2}\, h} \left[\frac{x_{B_3} - x_{A_3}}{h} - \frac{x_{B_2} - x_{A_2}}{h} \right] + \cdots = - \frac{x_{B_2} - x_{A_2}}{h} \left(\frac{a_{iA_3} - a_{iA_2}}{\sqrt{2}\, h} \right) - \cdots$$
$$i = 1, 2, 3$$

$$\begin{aligned} a_{iA_2} \frac{1}{\sqrt{2}\, h} \left[\frac{x_{B_3} - x_{A_3}}{h} - \frac{x_{B_2} - x_{A_2}}{h} \right] + \cdots = &- \frac{x_{B_2} - x_{A_2}}{h} \left(\frac{a_{iA_2} - a_{iA_1}}{\sqrt{2}\, h} \right) \\ &- \frac{x_{A_3} - x_{A_2}}{\sqrt{2}\, h} \left(\frac{a_{iA_2} - a_{iA_1}}{h} \right) \cdots \\ &- a_{iA_1} \frac{1}{\sqrt{2}\, h} \left[\frac{x_{A_3} - x_{A_2}}{h} - \frac{x_{A_2} - x_{A_1}}{h} \right] \cdots \end{aligned}$$
$$i = 4, 5$$

Aus der vorausgesetzten Stetigkeit der zweiten Ableitungen der Anfangswerte auf L und dem soeben Gezeigten folgt wie vorhin bei Beachtung des letzten Systems, daß die Differenzenquotienten $\dot{x}'$, $\dot{y}' \cdots$ in den Gitterpunkten auf L gleichmäßig für $h \to 0$ gegen Grenzwerte konvergieren. Hieraus folgt noch die gleichmäßige Beschränktheit der $\dot{x}' \cdots$ auf L. ($\cdot$ soll bei Problem A das Zeichen für die Differenzenquotienten in der Richtung der Geraden: $\alpha + \beta = 0$ bedeuten.) Das gleiche zeigt man analog für die: $\dot{x}^{\backprime}$, $\dot{y}^{\backprime} \cdots \dot{q}^{\backprime}$.

Wenn wir nunmehr die Gleichungen des Systems (+) von den entsprechenden des für das Punktepaar (vgl. Fig. 3) B_3, B_2 gebildeten Systems subtrahieren, so ergibt sich nach geeigneter Umformung, wie leicht ersichtlich, das System:

$$a_{iB_3}\frac{1}{h}\left[\frac{x_{C_3}-x_{B_3}}{h}-\frac{x_{B_3}-x_{A_3}}{h}\right]+\cdots=-\frac{x_{B_3}-x_{A_3}}{h}\left(\frac{a_{iB_3}-a_{iA_3}}{h}\right)-\cdots$$
$$i=1,2,3$$

$$\begin{aligned}a_{iB_2}\frac{1}{h}\left[\frac{x_{C_3}-x_{B_3}}{h}-\frac{x_{B_3}-x_{A_3}}{h}\right]+\cdots=&-\frac{x_{B_3}-x_{A_3}}{h}\left(\frac{a_{iB_2}-a_{iA_2}}{h}\right)\\&-a_{iB_2}\frac{1}{h}\left[\frac{x_{B_3}-x_{A_3}}{h}-\frac{x_{B_2}-x_{A_2}}{h}\right]\\&-\left(\frac{x_{A_3}-x_{A_2}}{h}\right)\left(\frac{a_{iB_2}-a_{iA_2}}{h}\right)-\cdots\end{aligned}$$
$$i=4,5$$

Aus dem letzten Resultat folgt nun unmittelbar, daß für $h\to 0$ längs L auch die zweiten Differenzenquotienten: x'', y'' gleichmäßig gegen Grenzwerte konvergieren. Ein analoger Schluß erweist dasselbe für die $x^{\backprime\backprime}$, $y^{\backprime\backprime}\cdots$

Ad B_2: Die Ersetzung von $\frac{x_{B_0}-x_0}{h}\ldots$ durch $\frac{x_{B_0}-x_{A_0}}{h}+\frac{x_{A_0}-x_0}{h}\ldots$ in I′ liefert analog A_2 die Konvergenz der Differenzenquotienten: $\frac{x_{B_0}-x_{A_0}}{h}\ldots\frac{q_{B_0}-q_{A_0}}{h}$ für $\lim h\to 0$ gegen Grenzwerte. Dasselbe folgt für die Differenzenquotienten: $\frac{x_{B_0}-x_0}{h}\ldots\frac{q_{B_0}-q_0}{h}\ldots$ im Ursprung.

Ad C_2: Man ersetzt $\frac{x_{B_1}-x_{B_0}}{h}$ durch $\frac{x_{B_1}-x_{A_1}}{h}+\frac{x_{A_1}-x_{A_0}}{h}+\frac{x_{A_0}-x_{B_0}}{h}$ und findet analog, daß für $h\to 0$ die x' bzw. $x^{\backprime}$ in O gegen Grenzwerte konvergieren.

Ad A_3: Es werde ein endlicher Bereich $\mathfrak{B}$ angenommen, derart, daß längs L die Anfangswerte und die errechneten Grenzwerte der Differenzenquotienten in $\mathfrak{B}$ liegen:

$$\mathfrak{B}:\qquad |x|<X;\quad |y|<Y;\qquad |q|<Q$$

$\mathfrak{A}$

$$|x'|=|x_\alpha|<X_\alpha,\qquad |q_\alpha|<Q_\alpha;\quad |x^{\backprime}|=|x_\beta|<X_\beta,\ \cdots|q_\beta|<Q_\beta$$

Letzteres ist wegen der gleichmäßigen Konvergenz der Differenzenquotienten an $\dot{L}$ unabhängig von $h < \bar{h}_0 \leq h_0$ erfüllbar. Wir subtrahieren die ersten drei Gleichungen des im Punkte A_ν gebildeten Systems I* von den entsprechenden des im Punkte $B_{\nu+1}$ gebildeten und die letzten beiden Zeilen des im Punkte A_ν von denen im Punkte B_ν gebildeten Systems. Nach der Umformung ergibt sich ein System II*:

$$\text{II*}\quad\begin{cases} a_{iB_{\nu+1}} \dfrac{1}{h}\left[\dfrac{x_{C_{\nu+1}}-x_{B_{\nu+1}}}{h} - \dfrac{x_{B_\nu}-x_{A_\nu}}{h}\right] + \cdots \\ = -\dfrac{a_{iB_{\nu+1}}-a_{iA_\nu}}{h}\left(\dfrac{x_{B_\nu}-x_{A_\nu}}{h}\right) - \cdots \qquad i = 1, 2, 3 \\ a_{iB_\nu} \dfrac{1}{h}\left[\dfrac{x_{C_{\nu+1}}-x_{B_{\nu+1}}}{h} - \dfrac{x_{B_\nu}-x_{A_\nu}}{h}\right] + \cdots \\ = -\dfrac{a_{iB_\nu}-a_{iA_\nu}}{h}\left(\dfrac{x_{B_{\nu+1}}-x_{A_\nu}}{h}\right) - \cdots \qquad i = 4, 5 \end{cases}$$

II* erlaubt unter der gemachten Voraussetzung $\mathfrak{A}$ die gemischten Differenzenquotienten: $x''_{A_\nu} \cdots q''_{A_\nu}$

$$x''_{A_\nu} = \frac{1}{h}\left[\frac{x_{C_{\nu+1}}-x_{B_{\nu+1}}}{h} - \frac{x_{B_\nu}-x_{A_\nu}}{h}\right] \cdots$$

abzuschätzen.

Es gilt: $\left|x''_{A_\nu}\right| \leq \dfrac{U}{|\Delta(B_{\nu+1}, B_\nu)|}$ ebenso für die $y'' \cdots$

Hierbei bedeutet U eine feste, nur von $\mathfrak{B}$ abhängige Konstante. Unter der Voraussetzung $\mathfrak{A}$ liefert die Anwendung des Mittelwertsatzes die folgende Abschätzung:

$$\left|\frac{\Delta(B_{\nu+1}, B_\nu) - \Delta(A_{\nu+1}, A_\nu)}{h}\right| \leq D\left(\left|\frac{x_{B_{\nu+1}}-x_{A_{\nu+1}}}{h}\right| + \cdots + \left|\frac{x_{B_\nu}-x_{A_\nu}}{h}\right| \cdots\right)$$

Oder nach Division durch: $\Delta(A_{\nu+1}, A_\nu) \geq \delta > \bar{\delta} > 0$

$$\left|\frac{\Delta(B_{\nu+1}, B_\nu)}{\Delta(A_{\nu+1}, A_\nu)} - 1\right| \leq hD\bar{K} \rightarrow \Delta(B_{\nu+1}, B_\nu) \geq \delta(1 - D\bar{K}h)$$

Die Konstanten D und $\bar{K}$ hängen dabei nicht von h ab. Beim analogen Schritt von der ersten zur zweiten Schrägreihe tritt an Stelle von $\delta \rightarrow \delta(1 - D\bar{K}h)$ usw. Für die entsprechenden Determinanten in der k-ten Schrägreihe folgt schließlich die Abschätzung:

$$\Delta_k \geq \delta\,(1 - D\overline{K}h)^k$$

Wählt man jetzt einen gleichschenklig rechtwinkligen Dreieckbereich $\mathfrak{D}'$, dessen Hypotenuse auf L fällt, und dessen Katheten von der Länge c' sind, so folgt, da immer: $k \cdot h \leq c'$ für die betrachteten Determinanten in $\mathfrak{D}'$ die Abschätzung:

$$\Delta_{\mathfrak{D}'} \geq \delta\left(1 - \frac{D\overline{K}c'}{k}\right)^k$$

Wegen
$$\lim_{k\to\infty}\left(1 - \frac{D\overline{K}c'}{k}\right)^k = e^{-D\overline{K}c'}$$

läßt sich c' so klein wählen, daß in $\mathfrak{D}'$ unter der Voraussetzung $\mathfrak{A}$ stets von genügend kleinen Maschenweiten ab gilt:

$$\Delta_{\mathfrak{D}'} > \bar{\delta} > 0$$

Aus dem Vorigen folgt dann in $\mathfrak{D}'$:

$$|x'^{\backprime}|_{\mathfrak{D}'} \leq \frac{U}{\bar{\delta}} = M \qquad \text{und dasselbe für } y'^{\backprime} \cdots,$$

wobei also M eine von den zugrunde gelegten Unterteilungen unabhängige Konstante bedeutet. Offenbar kann man jetzt einen zu $\mathfrak{D}'$ ähnlichen Bereich $\mathfrak{D}^* \subseteq \mathfrak{D}'$ angeben, in dem, unter der Voraussetzung, es bleiben die Werte $x, y \cdots q$ in $\mathfrak{B}$, dann für die zugrunde gelegten Maschenweiten auch die ersten Differenzenquotienten in $\mathfrak{B}$ liegen. Derselbe Schluß nochmals liefert schließlich die Existenz eines zu $\mathfrak{D}^*$ ähnlichen Bereiches $\mathfrak{D}'' \subseteq \mathfrak{D}^*$, in dem für alle genügend kleinen Unterteilungen die nach dem skizzierten Verfahren errechneten Werte von $x, y \cdots q$ nebst ihren ersten Differenzenquotienten in $\mathfrak{B}$ bleiben. Ferner sind die $x'^{\backprime} \cdots q'^{\backprime}$ in $\mathfrak{D}''$ gleichmäßig beschränkt.

Unter Berücksichtigung dieser und der letzten Resultate von A_2 erkennt man: Wir können mit dem System II* die gleichen Betrachtungen nochmals zur Abschätzung der höheren Differenzenquotienten: $x''^{\backprime} \cdots q''^{\backprime}$; $x'^{\backprime\backprime} \cdots q'^{\backprime\backprime}$ durchführen. Dies liefert schließlich einen Bereich $\mathfrak{D} \subseteq \mathfrak{D}''$, ähnlich zu $\mathfrak{D}''$, in dem auch noch für genügend kleine Maschenweiten $h \leq h_1$ die x'' und x''' gleichmäßig beschränkt bleiben.

Ad B_3: Bei der Betrachtung des Problems B sollen $\dot{x}$, $\dot{y} \cdots$ die in der Richtung der Geraden: $\alpha - \beta = 0$ genommenen Differenzenquotienten: $\dot{x} = x_\omega$ bedeuten.

Es werde jetzt ein Bereich $\mathfrak{B}'$ für die Variablen: $x \cdots q$ und deren Differenzenquotienten: $x_\beta = x' \cdots q_\beta = q'$ angenommen:

$$\mathfrak{A}^* \quad \mathfrak{B}': \quad \begin{matrix} |x| < X, & |y| < Y & |q| < Q \\ |x_\beta| < X_\beta & & |q_\beta| < Q_\beta \end{matrix}$$

und zwar derart, daß längs L_1 für die zu betrachtenden genügend klein gewählten Maschenweiten $h < \bar{h}_0$ die Anfangswerte und Differenzenquotienten längs L_1 in $\mathfrak{B}'$ liegen.

Wir betrachten zunächst die Differenzenquotienten: $x_\omega \cdots q_\omega$ längs $\alpha - \beta = 0$ unter der Voraussetzung $\mathfrak{A}^*$. Aus dem System I' und dem daraus durch Ersetzung der Punkte $(A_0, 0)$ durch $(B_1, B_0) \cdots (C_2, C_1) \cdots$ usw. hervorgehenden Systemen folgt, wenn wir vorerst annehmen, es blieben die Determinanten: $\bar{\Delta}(A_0, 0)$, $\bar{\Delta}(B_1, B_0)$, $\bar{\Delta}(C_2, C_1) \cdots$ innerhalb eines gewissen Abstandes c' von $\alpha = 0$ größer als $\varrho > 0$; $0 < \varrho < \delta^*$, daß auf dem im Parallelstreifen: $0 \leqq \alpha \leqq c'$ liegenden Abschnitt von $\alpha - \beta = 0$ die $|x_\omega| < L \cdots |q_\omega| < L$ bleiben. Hierbei ist L von h unabhängig. Nunmehr fassen wir einen Bereich $\mathfrak{B}$ ins Auge:

$$\mathfrak{A}^{**} \quad \mathfrak{B}: \quad \begin{matrix} |x| < X \quad |q| < Q; \; |x_\beta| < X_\beta \cdots |q_\beta| < Q_\beta \\ |x_\omega|_{L_2} < L \cdots |q_\omega|_{L_2} < L; \; |x_\alpha| < \sqrt{2}\, L + X_\beta \cdots \\ |x_\omega| < \sqrt{2}\, L + 2\, X_\beta = X_\omega \end{matrix}$$

und zeigen, daß man einen von: $\alpha = 0$, $\beta = s$, $\alpha - \beta = 0$ begrenzten Dreieckbereich $\mathfrak{D}^*$ angeben kann, so daß unabhängig von $h < h_0^{IV} \leq h_0$ die in den Gitterpunkten errechneten Werte von $x, y \cdots q$ nebst ihren Differenzenquotienten stets in $\mathfrak{B}$

bleiben, sowie die gemischten Differenzenquotienten: $x' = x_{\alpha\beta} \cdots$ gleichmäßig in $\mathfrak{D}^*$ beschränkt sind.

Unter der Voraussetzung, wir befinden uns im Bereich $\mathfrak{B}$, gelangen wir wie früher zu der folgenden Abschätzung für die Determinanten: $\bar{\Delta}(B_1, B_0)$, $\bar{\Delta}(C_2, C_1) \cdots$

Es gilt:

$$\left|\frac{\bar{\Delta}(B_1, B_0) - \bar{\Delta}(A_0, O)}{h}\right| \leq D\left(\left|\frac{x_{B_1} - x_{A_0}}{h}\right| + \cdots + \left|\frac{x_{B_0} - x_0}{h}\right| + \cdots\right)$$

woraus in bekannter Weise folgt:

$$\bar{\Delta}(B_1, B_0) \geq \delta^*(1 - hD\bar{K})$$

mit von h unabhängigen Konstanten D und $\bar{K}$. Für die entsprechenden Determinanten in der k-ten Parallelreihe folgt analog dem früheren die Abschätzung:

$$\bar{\Delta}_k \geq \delta^*(1 - D\bar{K}h)^k$$

Innerhalb eines Streifens: $0 \leq \alpha \leq c'$ bleibt stets: $k \cdot h \leq c'$, daher gilt im Streifen: $0 \leq \alpha \leq c'$ $\bar{\Delta} > \delta^*\left(1 - \frac{D\bar{K}c'}{k}\right)^k$

Wegen: $\lim\limits_{k \to \infty}\left(1 - \frac{D\bar{K}c'}{k}\right)^k = e^{-D\bar{K}c'}$ sieht man, wir können c' so wählen, daß $\bar{\Delta} \geq \delta^*\left(1 - \frac{D\bar{K}c'}{k}\right)^k > \varrho > 0$ bleibt für genügend kleine weiterhin zu betrachtende Gitterteilungen der Maschenweiten $h < h_0' \leq \bar{h}_0$. Folglich gilt dann innerhalb des Abstandes c' von $\alpha = 0$ stets an $\alpha - \beta = 0$:

$$\bar{\Delta} \geq \varrho > 0$$

Der nächste Schritt besteht darin, eine Abschätzung für $|x_{\alpha\beta}| \cdots |q_{\alpha\beta}|$ zu gewinnen. Zu diesem Zweck subtrahieren wir etwa die ersten drei Gleichungen von II' im Punkte B_2 von den entsprechenden im Punkte B_3 und die letzten beiden Gleichungen des Systems in B_2 von den entsprechenden im Punkte C_2. Wir erhalten das System:

$$\text{III}\quad\begin{cases} (a_i)_{B_3}\dfrac{1}{h}\left[\dfrac{x_{C_3}-x_{B_3}}{h}-\dfrac{x_{C_2}-x_{B_2}}{h}\right]+\cdots \\ \quad =-\left(\dfrac{x_{C_2}-x_{B_2}}{h}\right)\left(\dfrac{a_{iB_3}-a_{iB_2}}{h}\right)-\cdots \qquad i=1,2,3 \\ (a_i)_{C_2}\dfrac{1}{h}\left[\dfrac{x_{C_3}-x_{B_3}}{h}-\dfrac{x_{C_2}-x_{B_2}}{h}\right]+\cdots \\ \quad =-\left(\dfrac{x_{B_3}-x_{B_2}}{h}\right)\left(\dfrac{a_{iC_2}-a_{iB_2}}{h}\right)-\cdots \qquad i=4,5 \end{cases}$$

Für Gitterpunkte längs $\alpha = 0$ treten auf den rechten Seiten der letzten beiden Gleichungen III noch gleichmäßig beschränkte Größen V'_{Ai}, V''_{Ai} auf, wie man nach Entwicklung der Anfangsdaten nach Potenzen von h bis zu Gliedern zweiter Ordnung sogleich ersieht. Wir haben etwa: $(x_{A_{i+1}} - x_{A_i}) = \left(\frac{dx}{ds}\right) h + \frac{1}{2} h^2 \left(\frac{d^2x}{ds^2}\right)^*$ Hierbei kennzeichnet $\left(\frac{d^2x}{ds^2}\right)^*$ die zweite Ableitung für einen Zwischenwert.

Unter der Voraussetzung $\mathfrak{A}^{**}$ folgt sogleich für $x'_{B_2} \cdots q'_{B_2}$ die Abschätzung:

$$|x_{\alpha\beta}|_{B_2} < \frac{U}{|\Delta(B_3, C_2)|}; \qquad |q_{\alpha\beta}|_{B_2} < \frac{U}{|\Delta(B_3, C_2)|}$$

Hierbei bedeutet U eine feste nur von $\mathfrak{B}$ abhängige Konstante. Bildet man das gleiche System auch für die übrigen Gitterpunkte, so wird ersichtlich, daß es sich jetzt darum handelt, die auftretenden Determinanten:

$$\Delta(B_{\nu+1}, C_\nu); \quad \Delta(C_{\nu+1}, D_\nu) \cdots$$

abzuschätzen. Für genügend kleines $h < h_0'' \leq h_0'$ (wir legen des weiteren nur solche Unterteilungen zugrunde), folgt für die erste dieser Determinanten aus der Voraussetzung:

$$\Delta(A_1, B_0) \geq \delta > 0$$

Wie früher zeigt man für die k-te in der ersten Kolonne befindliche Determinante:

$$\Delta(A_{k+1}, B_k) \geq \delta(1 - hRT)^k$$

(R und T nur von $\mathfrak{B}$ abhängig.) Innerhalb eines genügend kleinen Abstandes s' von $\beta = 0$ folgt mithin für die Determinanten der ersten Kolonne:

$$\Delta(A_{\nu+1}, B_\nu) \geq \bar{\delta} > 0$$

für alle $h < h_0''' \leq h_0''$. Nunmehr wählen wir diese Determinanten in der ersten Kolonne zum Ausgang für die Abschätzung der entsprechenden Determinanten in den folgenden Kolonnen, indem wir das gleiche Abschätzungsverfahren in der Richtung ω anwenden. Man erhält so schließlich das Resultat:

Es läßt sich ein Bereich $\mathfrak{D}''$:

$$0 \leqq \alpha \leqq \bar{c} \leq c'; \quad \alpha - \beta \leqq 0; \quad 0 \leqq \beta \leqq \bar{c} \leqq c'$$

angeben, so daß unter der Voraussetzung $\mathfrak{A}^{**}$ die gleichmäßige Beschränktheit der $|x_{\alpha\beta}| \cdots q_{\alpha\beta}|$ für alle genügend kleinen Unterteilungen $h < h_0^{IV} \leq h_0'''$ in $\mathfrak{D}''$ folgt:

$$|x_{\alpha\beta}| < S \qquad |q_{\alpha\beta}| < S$$

Wir können nun einen ganz in $\mathfrak{D}''$ liegenden Dreieckbereich: $\mathfrak{D}'''$

$$\mathfrak{D}''' \quad 0 \leqq \alpha \leqq \bar{\bar{c}} \leqq \bar{c}; \quad \alpha - \beta \leqq 0; \quad 0 \leqq \beta \leqq \bar{\bar{c}} \leqq \bar{c}$$

angeben, so daß unter der Bedingung, es liegen die $x, y \cdots q$ in $\mathfrak{B}$, notwendig auch ihre ersten Differenzenquotienten in $\mathfrak{B}$ bleiben müssen. Wie ersichtlich, genügt es $\bar{\bar{c}}$ so klein zu wählen, daß

$$|x_\beta + \bar{\bar{c}} S| < X_\beta \cdots |q_\beta + \bar{\bar{c}} S| < Q_\beta \rightarrow \ |x_\alpha| \leqq \sqrt{2} L + X_\beta \cdots$$

gilt, was wegen der gleichmäßigen Konvergenz von $x^{\backprime}, y^{\backprime} \cdots q^{\backprime}$ auf $\alpha = 0$ und der von h unabhängigen Abschätzung:

$$|x_\omega|_{L_2} < L \cdots |q_\omega|_{L_2} < L$$

möglich ist.

Ein analoger Schluß stellt schließlich einen Bereich $\mathfrak{D}^*$ sicher:

$$\mathfrak{D}^*: \ 0 \leqq \alpha \leqq c \leqq \bar{\bar{c}}; \quad 0 \leqq \beta \leqq c \leqq \bar{\bar{c}}; \quad \alpha - \beta \leqq 0$$

in dem die sukzessiven Berechnungen des Differenzenverfahrens für die Unterteilungen $h < h_0^{IV}$ niemals aus $\mathfrak{B}$ hinausführen können. Obendrein bleiben in $\mathfrak{D}^*$ die gemischten Differenzenquotienten: $x_{\alpha\beta} \cdots$ gleichmäßig beschränkt.

Subtrahiert man die Gleichungen des Systems III von den entsprechenden im Punkte B_4 bzw. C_3 gebildeten Gleichungen, so erkennt man wie früher die Existenz eines den Nullpunkt enthaltenden zu $\mathfrak{D}^*$ ähnlichen Bereiches $\mathfrak{D} \subseteq \mathfrak{D}^*$, in dem auch noch die dritten gemischten Differenzenquotienten: $x''' \cdots q'''$ gleichmäßig beschränkt bleiben. Dazu beachte man die Voraussetzung über die Stetigkeit der dritten Ableitungen der Anfangswerte und die Tatsache, daß nach der Umformung des resultierenden Systems die Differenzenquotienten: $x'' \cdots q''$ nicht vorkommen (unter leicht verständlicher Abkürzung):

$$(C_2 - B_2)[B_3 - B_2] - (C_3 - B_3)[B_4 - B_3] = -(C_2 - B_2)$$
$$[[B_4 - B_3] - [B_3 - B_2]] + [B_4 - B_3]\{(C_2 - B_2) - (C_3 - B_3)\} \text{ usw.}$$

Die Berechnung der Differenzenquotienten: $x'_{B_1} \cdots q'_{B_1}$ an $\alpha - \beta = 0$ erfolgt aus dem System:

$$\text{IV} \quad \begin{cases} a_{iB_1}\dfrac{x_{C_1}-x_{B_1}}{h} + \cdots + e_{iB_1}\dfrac{q_{C_1}-q_{B_1}}{h} = 0 \qquad i = 1, 2, 3 \\ m_{iB_0}\dfrac{x_{C_1}-x_{B_1}}{h} + \cdots + s_{iB_0}\dfrac{q_{C_1}-q_{B_1}}{h} = -\, m_{iB_0}\dfrac{x_{B_1}-x_{B_0}}{h} - \cdots \qquad i = 1, 2 \end{cases}$$

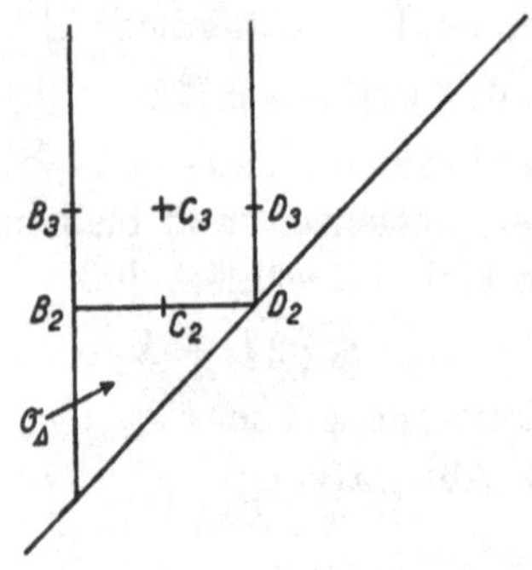

Fig. 6

Subtrahiert man die entsprechenden in zwei benachbarten Gitterpunkten gebildeten Gleichungen IV voneinander, so sieht man nach der Umformung unter Beachtung der für $\mathfrak{D}$ soeben erwiesenen Abschätzungen der Differenzenquotienten und der vorausgesetzten Stetigkeit der Koeffizienten ein:

Zu jedem $\varepsilon > 0$ läßt sich ein $\delta(\varepsilon) > 0$ angeben, so daß in $\mathfrak{D}$ in jedem gleichschenklig rechtwinkligen Dreieck σ_Δ mit der Hypotenuse $< \delta(\varepsilon)$ längs L_2 stets:

$$|x'_{T_1} - x'_{T_2}| < \varepsilon, \cdots |q'_{T_1} - q'_{T_2}| < \varepsilon$$

bleiben, wobei T_1, T_2 zwei beliebige Gitterpunkte in σ_Δ bedeuten.

Wir betrachten jetzt an L_2 ein beliebiges zu ε gehöriges Dreieck σ_Δ, ziehen durch die Eckpunkte Parallelen zur β-Achse und suchen innerhalb des so konstruierten Streifens σ die Differenzen: $|x'_{Q_1} - x'_{Q_2}|$ $|q'_{Q_1} - q'_{Q_2}|$ abzuschätzen, wobei $\overline{Q_1 Q_2}$ der α-Achse parallel verlaufen soll. Es seien B_2, C_2, D_2 auf der zur

α-Achse parallelen Kathete von σ_Δ gelegen, B_3, C_3, D_3 auf der nächstfolgenden Parallelreihe (vgl. Fig. 6).

Wir haben für die gemischten Differenzenquotienten die Gleichungen:

$$\text{(1)} \quad a_{iB_3}\, x^{\prime\backslash}_{B_2} + \cdots = -\left(\frac{x_{C_2}-x_{B_2}}{h}\right)\left(\frac{a_{iB_3}-a_{iB_2}}{h}\right)\cdots \qquad i = 1, 2, 3$$

$$\text{(2)} \quad a_{iC_2}\, x^{\prime\backslash}_{B_2} + \cdots = -\left(\frac{x_{B_3}-x_{B_2}}{h}\right)\left(\frac{a_{iC_2}-a_{iB_2}}{h}\right) - \cdots \qquad i = 4, 5$$

$$\text{(3)} \quad a_{iC_3}\, x^{\prime\backslash}_{C_2} + \cdots = -\left(\frac{x_{D_2}-x_{C_2}}{h}\right)\left(\frac{a_{iC_3}-a_{iC_2}}{h}\right) - \cdots \qquad i = 1, 2, 3$$

$$\text{(4)} \quad a_{iD_2}\, x^{\prime\backslash}_{C_2} + \cdots = -\left(\frac{x_{C_3}-x_{C_2}}{h}\right)\left(\frac{a_{iD_2}-a_{iC_2}}{h}\right) - \cdots \qquad i = 4, 5$$

Subtraktion von (1) von (3) und (2) von (4) liefert, wenn wir wieder nur die ersten Glieder hinschreiben:

$$\text{VI}\left\{\begin{aligned}
a_{iC_3}[x^{\prime\backslash}_{C_2} - x^{\prime\backslash}_{B_2}] + \cdots &= -x^{\prime\backslash}_{B_2}\left(a_{iC_3} - a_{iB_3}\right) - \left(\frac{x_{D_2}-x_{C_2}}{h}\right)\left(\frac{a_{iC_3}-a_{iC_2}}{h}\right) \\
&\quad + \left(\frac{x_{C_2}-x_{B_2}}{h}\right)\left(\frac{a_{iB_3}-a_{iB_2}}{h}\right) - \cdots \\
&= -x^{\prime\backslash}_{B_2}\left(a_{iC_3} - a_{iB_3}\right) \\
&\quad - \left[\frac{a_{iC_3}-a_{iC_2}}{h}\right]\left\{\frac{x_{D_2}-x_{C_2}}{h} - \frac{x_{C_2}-x_{B_3}}{h}\right\} \\
&\quad - \left[\frac{a_{iC_3}-a_{iC_2}}{h} - \frac{a_{iB_3}-a_{iB_2}}{h}\right]\left(\frac{x_{C_2}-x_{B_2}}{h}\right)\cdots \\
&\qquad\qquad i = 1, 2, 3 \\
a_{iD_2}[x^{\backslash}_{C_2} - x^{\prime\backslash}_{B_2}] + \cdots &= -x^{\prime\backslash}_{B_2}\left(a_{iD_2} - a_{iC_2}\right) - \left(\frac{x_{C_3}-x_{C_2}}{h}\right)\left(\frac{a_{iD_2}-a_{iC_2}}{h}\right) \\
&\quad + \left(\frac{x_{B_3}-x_{B_2}}{h}\right)\left(\frac{a_{iC_2}-a_{iB_2}}{h}\right) - \cdots \\
&= -x^{\prime\backslash}_{B_2}\left(a_{iD_2} - a_{iC_2}\right) \\
&\quad - \left(\frac{x_{C_3}-x_{C_2}}{h}\right)\left\{\frac{a_{iD_2}-a_{iC_2}}{h} - \frac{a_{iC_2}-a_{iB_2}}{h}\right\} \\
&\quad - \left(\frac{a_{iC_2}-a_{iB_2}}{h}\right)\left\{\frac{x_{C_3}-x_{C_2}}{h} - \frac{x_{B_3}-x_{B_2}}{h}\right\} - \cdots \\
&\qquad\qquad i = 4, 5
\end{aligned}\right.$$

In den letzten beiden Gleichungen VI wende man auf die Glieder:

$$\frac{a_{iD_2}-a_{iC_2}}{h};\ \frac{a_{iC_2}-a_{iB_2}}{h}\quad \text{in}\quad \left[\frac{a_{iD_2}-a_{iC_2}}{h}-\frac{a_{iC_2}-a_{iB_2}}{h}\right]$$

den Mittelwertsatz an und fasse jeweils die zu den gleichen Variablen gehörigen Glieder zusammen, also beispielsweise die zu x gehörigen:

$$\left(\frac{\partial a_i}{\partial x}\right)'\frac{x_{D_2}-x_{C_2}}{h}-\left(\frac{\partial a_i}{\partial x}\right)''\frac{x_{C_2}-x_{B_2}}{h}$$

wobei $\left(\frac{\partial a_i}{\partial x}\right)', \left(\frac{\partial a_i}{\partial x}\right)''$ bedeutet, daß in $\left(\frac{\partial a_i}{\partial x}\right)$ für die Variablen $x, y \cdots q$ Zwischenwerte zwischen x_{D_2}, x_{C_2} und x_{C_2}, x_{B_2} usw. zu nehmen sind.

Die weitere Umformung liefert:

$$\left(\frac{\partial a_i}{\partial x}\right)'\frac{x_{D_2}-x_{C_2}}{h}-\left(\frac{\partial a_i}{\partial x}\right)''\frac{x_{C_2}-x_{B_2}}{h}$$

$$=\left(\frac{\partial a_i}{\partial x}\right)'\left[\frac{x_{D_2}-x_{C_2}}{h}-\frac{x_{C_2}-x_{B_2}}{h}\right]+\frac{x_{C_2}-x_{B_2}}{h}\left[\left(\frac{\partial a_i}{\partial x}\right)'-\left(\frac{\partial a_i}{\partial x}\right)''\right]$$

Schließlich führen wir analoge Umformungen in den ersten drei Gleichungen VI durch. Wir können offenbar σ so klein wählen, daß die Summe der absoluten Beträge der von den Faktoren:

$$\frac{x_{D_2}-x_{C_2}}{h}-\frac{x_{C_2}-x_{B_2}}{h}\cdots$$

freien Glieder auf den rechten Seiten von VI kleiner als ε ausfällt. σ hängt dabei nicht von der Wahl der zugrunde gelegten Gitterteilungen $h < h_\sigma \leq h_0^{IV}$ ab und gilt für das ganze Gebiet $\mathfrak{D}$. Jetzt erkennen wir, daß für zwei beliebige Punkte R_1 und R_2 auf der zur α-Achse parallelen Kathete des Dreiecks $\sigma_\triangle$, unabhängig von $h < h_\sigma \leq h_0^{IV}$, stets gilt:

$$|x'^{\backslash}_{R_1} - x'^{\backslash}_{R_2}| < \varepsilon Q, \qquad |q'^{\backslash}_{R_1} - q'^{\backslash}_{R_2}| < \varepsilon Q$$

wobei Q eine für ganz $\mathfrak{D}$ gültige feste Konstante bedeutet. Auf der folgenden Punktreihe B_3 D_3 des Streifens σ (Fig. 6) ist für zwei beliebige Gitterpunkte T_1, T_2 demzufolge stets:

$$|x'_{T_1} - x'_{T_2}| < \varepsilon + \varepsilon Q h; \qquad |q'_{T_1} - q'_{T_2}| < \varepsilon + \varepsilon Q h$$

Offenbar kann man das Verfahren fortsetzen, wie man erkennt, wenn man die Gleichungen VI für die folgenden Punkte ins Auge faßt. Beim nächsten Schritt tritt an Stelle von ε $\varepsilon(1+hQ)$. Dies liefert für die dritte Reihe:

$$|x'^{\backprime}_{T} - x'^{\backprime}_{T'}| < \varepsilon Q(1+hQ) \rightarrow |x'_{T_2} - x'_{T_3}| < \varepsilon(1+hQ) + \varepsilon(1+hQ)hQ = \varepsilon(1+hQ)^2$$

und für die k-te, wie leicht ersichtlich:

$$|x'_N - x'_{N'}| < \varepsilon(1+hQ)^{k-1} < \varepsilon e^R \cdots$$

Hierbei ist R eine für ganz $\mathfrak{D}$ gültige Konstante. Aus dem Vorstehenden erkennt man daher:

Bei vorgelegtem ε kann man stets σ so bestimmen, daß für die zugrundegelegten Maschenweiten in $\underline{\mathfrak{D}}$:

$$0 < \alpha \leq s;\ 0 < \beta \leq s;\ \alpha - \beta \leq 0$$

$$|x'_{R_1} - x'_{R_2}| < \varepsilon \cdots |q'_{R_1} - q'_{R_2}| < \varepsilon$$

gilt, wobei der Abstand $|\overline{R_1 R_2}| < \sigma$, und $\overline{R_1 R_2}$ parallel der α-Achse verläuft.

Aus unseren bisherigen Resultaten folgt jetzt, wenn man das System VI auch für Differenzen: $(x'^{\backprime}_{P_1} - x'^{\backprime}_{P_2}) \cdots$ betrachtet, wobei die Gitterpunkte $P_1 P_2$ beliebig in $\underline{\mathfrak{D}}$ liegen, und $\overline{P_1 P_2}$ nicht achsenparallel zu sein braucht:

Ist ε beliebig vorgegeben, so läßt sich stets ein $\delta(\varepsilon)$ finden, so daß ab hinreichend kleinen Maschenweiten in $\underline{\mathfrak{D}}$ innerhalb eines jeden Quadrates der Seitenlänge $\sigma < \delta(\varepsilon)$ für zwei Gitterpunkte darin bleiben:

$$|x'^{\backprime}_{P_1} - x'^{\backprime}_{P_2}| < \varepsilon \cdots |q'^{\backprime}_{P_1} - q'^{\backprime}_{P_2}| < \varepsilon$$

Man bestätigt ferner noch leicht das Folgende:

Zu beliebig vorgegebenem ε können wir einen halboffenen Streifen

$$\Sigma_\delta\colon 0 < \alpha \leq \delta(\varepsilon);\quad 0 \leq \beta \leq s;\quad \alpha - \beta \leq 0$$

angeben, so daß ab genügend kleinen Maschenweiten in Σ_δ stets die Differenzen:

$$(*)\quad \begin{cases} |x'_{R_2} - x'_{R_2}| < \varepsilon \cdots |q'_{R_1} - q'_{R_2}| < \varepsilon \\ |x'^{\backprime}_{R_1} - x'^{\backprime}_{R_2}| < \varepsilon \cdots |q'^{\backprime}_{R_1} - q'^{\backprime}_{R_2}| < \varepsilon \end{cases}$$

bleiben. ($R_1 R_2$ parallel der α-Achse in Σ_δ).

Ad C_3: Die Behandlung des Problems C ist aus dem Vorstehenden ersichtlich. In bekannter Weise folgt die Existenz eines rechteckigen Bereiches: $0 \leq \alpha \leq s_1'$; $0 \leq \beta \leq s_2'$, in dem das Differenzenverfahren niemals aus einem vorgegebenen Bereich $\mathfrak{B}$ der $x, y \cdots q$ nebst den $x' \cdots q'$, $x^{\backprime} \cdots q^{\backprime}$ herausführt. Obendrein bleiben die gemischten zweiten Differenzenquotienten gleichmäßig beschränkt. Unter Beachtung der Stetigkeit der dritten Ableitungen der Anfangswerte folgt durch Anwendung der gleichen Schlußweise, daß bei beliebigem $\delta > 0$ im Bereiche: $\mathfrak{D}_\delta : 0 < \delta \leq \alpha \leq s_1 \leq s_1'$; $0 < \delta \leq \beta \leq s_2 \leq s_2'$ ab genügend kleinen Maschenweiten auch die dritten gemischten Differenzenquotienten: $|x''^{\backprime}|$ $|x^{\backprime\backprime\prime}|\cdots$, gleichmäßig beschränkt bleiben. Desweiteren gelten längs der Achsen in den Streifen:

$$\Sigma_\delta^\alpha : 0 < \alpha \leq \delta; \quad 0 \leq \beta \leq s_2 \qquad \Sigma_\delta^\beta : 0 < \beta \leq \delta; \quad 0 \leq \alpha \leq s_1$$

analoge Ungleichungen (*) wie am Schluß von B_3, was nicht schwer einzusehen ist.

Die Konvergenz des Differenzenverfahrens

Es ist zu zeigen, daß der Grenzübergang $h \to 0$ Funktionen $x, y \cdots q$ in den bezeichneten Gebieten $\mathfrak{D}$ der Probleme A, B, C liefert, die stetig differenzierbar sind, das System I der partiellen Differentialgleichungen erster Ordnung befriedigen und auf den Randstücken die vorgegebenen Bedingungen erfüllen.

Ad A_4: Es sei h_1 (vgl. Schluß von A_3) die größte Maschenweite unsrer Gitterfolgen, die wir zulassen werden. Wir denken uns h_1 und den Bereich $\mathfrak{D}$ von vornherein so gewählt, daß der um die Streifenbreite h_1 vergrößerte Bereich $\overline{\mathfrak{D}}$ (vgl. Fig. 7) ebenfalls noch die Bedingungen des vorhin mit $\mathfrak{D}$ bezeichneten Bereiches erfüllt.

Der Bereich $\bar{\mathfrak{D}}$ werde in halboffene Rhomben $\sigma_{\mu\nu}$ aufgeteilt. $\sigma_{\mu\nu}$ habe die Eckpunkte:

$$(\mu h, \nu h); \ [(\mu - 1)h, (\nu + 1)h]$$
$$[\mu h, (\nu + 1)h]; \ [(\mu + 1)h, \nu h]$$

Die beiden vom Punkt $(\mu h, \nu h)$ ausgehenden Rhombenseiten sollen einschließlich des einen Endpunktes $(\mu h, \nu h)$ zu $\sigma_{\mu\nu}$ gehören.

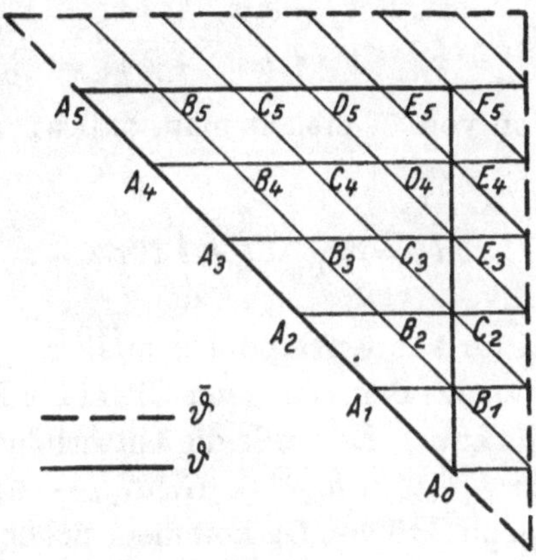

Fig. 7

Die folgenden Betrachtungen beziehen sich einzeln auf jede der Funktionen $x, y \cdots q$ nebst ihren Differenzenquotienten. Sie werden für $x, x', x^{\backprime}$ usw. durchgeführt.

Für jede Gitterteilung werde nun eine Stufenfunktion $\bar{x}_h'^{\backprime}$ in $\bar{\mathfrak{D}}$, wie folgt, definiert: In jedem Elementarbereich $\sigma_{\mu\nu}$ werde $\bar{x}_h'^{\backprime}$ konstant gleich $(x_h'^{\backprime})_{\mu\nu}$ gesetzt. Hierbei bedeutet $(x_h'^{\backprime})_{\mu\nu}$ der nach dem Differenzenverfahren bei der zugrunde gelegten Maschenweite h errechnete Wert des gemischten Differenzenquotienten $x_h'^{\backprime}$ im Gitterpunkte $(\mu h, \nu h)$.

Diese Stufenfunktion ist für jede der zugelassenen Unterteilungen $h < h_1$ in jedem Punkt von $\mathfrak{D}$ definiert und gleichmäßig in bezug auf h beschränkt.

Die beiden Differenzenquotienten x', $x^{\backprime}$ im Punkte A_2 lauten ausgeschrieben:

$$x'_{A_2} = \frac{1}{h}(x_{B_3} - x_{A_2}); \quad x^{\backprime}_{A_2} = \frac{1}{h}(x_{B_2} - x_{A_2})$$

Der gemischte Differenzenquotient in A_2:

$$x'^{\backprime}_{A_2} = \frac{1}{h}\left[\frac{x_{C_2} - x_{B_3}}{h} - \frac{x_{B_2} - x_{A_2}}{h}\right]$$

Es ist:

$$x'_{A_2} + h\,x'^{\backprime}_{A_2} = x'_{B_2}; \quad x'_{A_2} + h\,x'^{\backprime}_{A_2} + h\,x'^{\backprime}_{B_3} = x'_{C_4} \text{ usw.}$$

$$x^{\backprime}_{A_2} + h\,x'^{\backprime}_{A_2} = x^{\backprime}_{B_3}; \quad x^{\backprime}_{A_2} + h\,x'^{\backprime}_{A_2} + h\,x'^{\backprime}_{B_2} = x^{\backprime}_{C_2} \text{ usw.}$$

Aus der Definition von $\bar{x}'^{\backprime}_h$ ersieht man, daß wir auch schreiben können:

$$x'_{A_2} + \int\limits_{A_2}^{C_4} \bar{x}'^{\backprime}_h\, d\beta = x'_{C_4}; \quad x^{\backprime}_{A_2} + \int\limits_{A_2}^{C_2} \bar{x}'^{\backprime}_h\, d\alpha = x^{\backprime}_{C_2} \cdots$$

Dies gilt offenbar für alle Gitterpunkte analog.

Wir greifen jetzt aus der Menge der Gitter der Maschenweiten $h < h_1$ eine Folge heraus. Es werde die Gitterfolge der Maschenweiten: h_1; $h_1/2$; $h_1/4$; $h_1/2^k \cdots$; G_1; G_2; $\cdots G_k \cdots$ ins Auge gefaßt. Die Gitterpunkte von G_k kommen sicher in G_n, $n \geq k$, wieder vor. Zu jedem Gitter gehört eine Stufenfunktion: $\bar{x}'^{\backprime}_k = \varphi_k(P)$. Die Funktionen $\varphi_k(P)$ bilden nach dem vorigen eine gleichmäßig beschränkte Funktionenfolge in $\mathfrak{D} \cdot |\varphi_k(P)| < M$, für alle k in $\mathfrak{D}$. Bekanntlich definiert man die Grenzschwankung[1]) einer Funktionenfolge in einem Punkte P_0 wie folgt:

Es seien U_k eine Folge ineinandergeschachtelter Umgebungen des Punktes P_0: $U_1 \supset U_2 \supset U_3 \cdots P_0 \subset U_k$, deren Durchmesser für $k \to \infty$ nach Null konvergiert. Es werde die obere Grenze von $|\varphi_n(P_1) - \varphi_n(P_2)|$ für P_1, $P_2 \subset U_k$ mit $g_{n,k}$ bezeichnet. Ist $\lim\limits_{n\to\infty} \sup g_{n,k} = \sigma_k$, so folgt sicher $\sigma_1 \geq \sigma_2 \geq \sigma_3 \geq \cdots$ Der existierende Grenzwert $\lim\limits_{n\to\infty} \sigma_k = \sigma$ heißt die Grenzschwankung der vorgelegten Funktionenfolge: $\varphi_k(P)$ in P_0.

[1]) Vgl. CARATHEODORY: Variationsrechnung und partielle Differentialgleichungen I. Ordnung. Teubner 1935, Seite 2ff.

Aus der gleichmäßigen Beschränktheit von $x_h^{\prime\prime\backprime}$ und $x_h^{\backprime\backprime\prime}$ in $\mathfrak{D}$ folgt, daß die oberen Grenzen $g_{n,k}$ unsrer Funktionenfolge $\bar{x}_k^{\prime\backprime} = \varphi_k(P)$, unabhängig von n, für $k \to \infty$ gleichmäßig gegen Null gehen. Folglich ist $\varphi_k(P)$ eine Folge überall in $\mathfrak{D}$ definierter gleichmäßig beschränkter Funktionen, deren Grenzschwankung in jedem Punkte von $\mathfrak{D}$ verschwindet.

Die Punktmenge $\mathfrak{M}$ aller Gitterpunkte, die für $\underline{\lim}_{k\to\infty} G_k$ zu $\mathfrak{D}$ gehören, ist abzählbar und dicht im abgeschlossenen Bereich $\mathfrak{D}$. Ihre Punkte werden mit P_r $r = 1, 2, 3 \cdots$ bezeichnet. Aus der Funktionenfolge $\{\varphi_k(P)\}$ werde jetzt eine in P_1 konvergente Teilfolge ausgewählt: $\varphi_1'(P), \varphi_2'(P), \varphi_3'(P) \cdots$

Nun werde aus dieser Folge $\{\varphi_j'(P)\}$ eine in P_2 konvergente Teilfolge ausgewählt, aus dieser eine in P_3 konvergente und so fort.

$$\begin{array}{l} \varphi_1', \; \varphi_2', \; \varphi_3' \\ \varphi_1'', \; \varphi_2'', \; \varphi_3'' \\ \vdots \\ \varphi_1^{(\nu)}, \; \varphi_2^{(\nu)}, \; \varphi_3^{\nu} \\ \cdot \end{array}$$

Die Diagonalfolge: $\varphi_1'(P), \varphi_2''(P) \cdots \varphi_\nu^{(\nu)}(P) \cdots$ konvergiert dann in jedem Punkte von $\mathfrak{M}$. Sie werde wieder mit $\{\varphi_k(P)\}$ bezeichnet. Wir legen sie den weiteren Betrachtungen zugrunde.

$\{\varphi_k(P)\}$ konvergiert nun auch in allen nicht zu $\mathfrak{M}$ gehörigen Punkten von $\mathfrak{D}$.

Sei Q ein solcher Punkt, dann existieren in jeder noch so kleinen Umgebung von Q Punkte P_r aus $\mathfrak{M}$. Da die Grenzschwankung überall in $\mathfrak{D}$ verschwindet, so gibt es zu jedem beliebigen σ und τ ein N und einen Punkt P_r, so daß gilt:

$$\begin{aligned} &|\varphi_n(P_R) - \varphi_n(Q)| < \sigma \\ &|\varphi_m(Q) - \varphi_m(P_R)| < \sigma \qquad \text{für } m, n > N \\ &|\varphi_m(P_R) - \varphi_n(P_R)| < \tau \end{aligned}$$

Addition liefert:

$$|\varphi_m(Q) - \varphi_n(Q)| < 2\sigma + \tau \quad \text{für } m, n > N$$

womit die Konvergenz von $\{\varphi_k(P)\}$ in allen Punkten von $\mathfrak{D}$ bewiesen ist. Wir bezeichnen die Grenzfunktion $\lim_{k\to\infty} \varphi_k(P)$ mit $\varphi(P)$ und zeigen, daß $\varphi(P)$ stetig ist. Denn ist P ein beliebiger Punkt von $\mathfrak{D}$ und σ beliebig vorgegeben, so gilt wegen des Verschwindens der Grenzschwankung:

$$|\varphi_n(P_i) - \varphi_n(P)| < \sigma \quad \text{für } n > N \text{ und } |P_i - P| \leq \delta(\sigma)$$

wobei $|P_i - P|$ den Abstand der beiden Punkte P_i und P voneinander bedeutet. Hieraus folgt:

$$\lim_{n\to\infty} |\varphi_n(P_i) - \varphi_n(P)| \leqq \sigma$$
$$|\varphi(P_i) - \varphi(P)| \leqq \sigma$$

für alle Punkte P_i mit $|P_i - P| \leq \delta(\sigma)$, womit die Stetigkeit der Grenzfunktion $\varphi(P)$ in $\mathfrak{D}$ dargetan ist.

Es verbleibt nun, die Gleichmäßigkeit der Konvergenz zu zeigen. Angenommen die Folge $\{\varphi_k(P)\}$ konvergiere in $\mathfrak{D}$ nicht gleichmäßig, so existierte eine Größe ε, und dazu eine Folge positiver Zahlen: $t_1 < t_2 < t_3 <$ $\lim_{k\to\infty} t_k \to \infty$ mit den Eigenschaften:

Es gibt zu jedem k einen in $\mathfrak{D}$ liegenden Punkt P_k, so daß stets die Ungleichungen bestehen:

$$|\varphi(P_k) - \varphi_{t_k}(P_k)| \geq \varepsilon \qquad \text{für alle } k.$$

Da $\mathfrak{D}$ endlich und abgeschlossen ist, hat die Punktmenge der (P_k) mindestens einen Häufungspunkt P_∞ in $\mathfrak{D}$. Nach entsprechender Umnumerierung konvergiere $P_1, P_2 \cdots P_j$ gegen P_∞. Es folgen die Ungleichungen:

(1) $|\varphi(P_k) - \varphi_{t_k}(P_k)| \geqq \varepsilon$ für alle k.

(2) $|\varphi(P_\infty) - \varphi_r(P_\infty)| \leqq \sigma$ bei beliebig vorgegebenem σ für alle $r > N(\sigma)$.

(3) $|\varphi(P_\infty) - \varphi(P_k)| \leqq \tau$ bei beliebig vorgegebenem τ für alle $k > k'$.

(3) folgt aus der bewiesenen Stetigkeit der Grenzfunktion $\varphi(P)$ in $\mathfrak{D}$ und der Voraussetzung $\lim P_k \to P_\infty$.

Folglich gilt auch:

(4) $|\varphi(P_k) - \varphi_{t_k}(P_k) - \varphi(P_\infty) + \varphi(P_\infty)| \geqq \varepsilon$ für $k > k'$

(5) $|\varphi(P_\infty) - \varphi(P_k)| + |\varphi(P_\infty) - \varphi_{t_k}(P_k)| \geqq \varepsilon$

Man wähle nun in (3) $\tau = \varepsilon/2$ und $k > k'$, woraus folgt:

(6) $|\varphi(P_\infty) - \varphi_{t_k}(P_k)| \geqq \varepsilon/2$ für $k > k'$ und $\lim P_k \to P_\infty$.

Aus (6) folgt nun leicht ein Widerspruch:

Zunächst ergibt sich für die Teilfolge wegen des Verschwindens der Grenzschwankung in $\mathfrak{D}$ die Ungleichung:

(7) $$|\varphi_{t_k} P_\infty) - \varphi_{t_k}(P_i)| < \sigma$$

bei beliebig vorgebenem σ für alle $k > \bar{k}$ und alle P_i, für die man hat: $|P_i - P_\infty| \leqq \delta(\sigma)$.

Ferner liefert die Konvergenz der Funktionenfolge: $\{\varphi_{t_k}(P)\}$ in $\mathfrak{D}$:

(8) $$|\varphi(P_\infty) - \varphi_{t_k}(P_\infty)| \leqq \tau$$

bei beliebig vorgegebenem τ für alle $k > \bar{\bar{k}}$.

Mithin ergibt sich nach Addition der Ungleichungen (7) und (8) die Ungleichung (9):

(9) $$|\varphi(P_\infty) - \varphi_{t_k}(P_i)| < \sigma + \tau$$

für alle $k > \bar{k}, \bar{\bar{k}}$ und P_i mit $|P_i - P_\infty| \leq \delta(\sigma)$.

Man wähle jetzt $\sigma + \tau = \frac{\varepsilon}{2}$, es genügt in (6) k' genügend groß zu wählen, um zu (9) einen Widerspruch zu erhalten.

Folglich konvergiert die betrachtete Folge $\{\varphi_k(P)\}$ gleichmäßig in $\mathfrak{D}$ gegen eine stetige Grenzfunktion $\varphi(P)$. Die gleichen Betrachtungen gelten für jeden der fünf gemischten Differenzenquotienten.

Wir definieren jetzt längs $\alpha + \beta = 0$ für jede Unterteilung die Werte von x' und $x`$ auch in allen Punkten, welche keine Gitterpunkte sind: im Elementarbereich $\sigma_{\mu, -\mu}$ werde $x'$ bzw. $x`$ jeweils konstant gleich $x'_{(\mu, -\mu)}$ bzw. gleich $x`_{(\mu, -\mu)}$ gesetzt. Längs der Hypotenuse des Bereiches $\mathfrak{D}$ wird auf diese Weise durch die oben festgesetzte Auswahl der Gitter G_k eine Funktionenfolge $(\bar{x}'_k)$ definiert, die gleichmäßig beschränkt ist und deren Grenzschwankung überall verschwindet. Letzteres ergibt sich sogleich aus der bewiesenen gleichmäßigen Beschränktheit der $\dot{x}'_k$ auf der Hypotenuse. Ebenso erhält man eine Funktionenfolge $(\bar{x}^{\backprime}_k)$ mit den gleichen Eigenschaften. Mit diesen beiden Folgen können wir nacheinander die gleichen Betrachtungen anstellen wie mit $\bar{x}'^{\backprime}_k = \varphi_k(P)$. Da unsre gewonnenen Resultate auch für jede Teilfolge Gültigkeit behalten, folgt sogleich:

Wir können aus der Folge der Gitter stets eine solche auswählen: $G_{k'}; G_{k''}; \ldots$, so daß die zugehörigen Funktionenfolgen:

$$(\bar{x}'^{\backprime}_k);\ (\bar{x}'_k);\ (\bar{x}^{\backprime}_k)$$

in $\mathfrak{D}$ bzw. auf der Hypotenuse von $\mathfrak{D}$ gleichmäßig gegen stetige Grenzfunktionen konvergieren. Hinfort werde diese Folge ins Auge gefaßt.

Wir betrachten die Integrale:

$$\bar{x}'_{k_A} + \int\limits_A^{C''} \bar{x}'^{\backprime}_k \, d\beta \tag{1}$$

wobei der Integrationsweg von A, auf der Hypotenuse, senkrecht nach oben längs der durch A laufenden Charakteristik zu nehmen ist. Ebenso:

$$\bar{x}^{\backprime}_{k_A} + \int\limits_A^{C'} \bar{x}'^{\backprime}_k \, d\alpha \tag{2}$$

hierbei verläuft der Integrationsweg längs der waagerechten durch A verlaufenden Charakteristik.

Aus der bewiesenen gleichmäßigen Konvergenz von: $\bar{x}'_k$, $\bar{x}^{\backprime}_k$ und $\bar{x}'^{\backprime}_k$ in $\mathfrak{D}$ gegen stetige Grenzfunktionen folgt die gleichmäßige Konvergenz der Integrale (1) und (2) gegen in $\mathfrak{D}$ stetige Grenzfunktionen x' und $x^{\backprime}$ der unabhängigen Variablen α und β.

Wir fassen die Gitterpunkte unsrer Folge ins Auge. Für jede Maschenweite h liefern die Integrale (1) und (2) in allen Gitterpunkten diejenigen Werte x'_h bzw. $x^{\backprime}_h$, die sich auch bei der Berechnung der x' bzw. $x^{\backprime}$ nach dem Differenzenverfahren in den betreffenden Gitterpunkten ergaben.

Wir definieren jetzt, für alle Unterteilungen h, Funktionen: $\bar{x}'_h$; $\bar{x}^{\backprime}_h$ in $\mathfrak{D}$, indem wir letztere Funktionen in jedem Elementarbereich $\sigma_{\mu\nu}$ konstant gleich $(x'_h)_{\mu\nu}$ bzw. $(x^{\backprime}_h)_{\mu\nu}$ setzen. Ziehen wir alsdann wieder obige Gitterfolge in Betracht, so folgt die gleichmäßige Konvergenz der Folgen: $(\bar{x}'_k)$ und $(\bar{x}^{\backprime}_k)$ in $\mathfrak{D}$ gegen Grenzfunktionen erst recht aus der gleichmäßigen Konvergenz der obigen durch die Integrale (1) und (2) definierten Folgen x'_k bzw. $x^{\backprime}_k$. Da in den Gitterpunkten stets die Funktionen: $\bar{x}'_k$, $\bar{x}^{\backprime}_k$ mit x'_k bzw. $x^{\backprime}_k$ zusammenfallen, folgt, weil $\mathfrak{M}$ in $\mathfrak{D}$ dicht liegt, und x' bzw. $x^{\backprime}$ stetig ist, die Übereinstimmung von:

$$\lim \bar{x}'_k = x'; \quad \lim \bar{x}^{\backprime}_k = x^{\backprime} \text{ in } \mathfrak{D}$$

Die Stetigkeit der Grenzfunktionen $\lim \bar{x}'_k$ bzw. $\lim \bar{x}^{\backprime}_k$ folgt dabei aus der Stetigkeit von x' bzw. $x^{\backprime}$ in $\mathfrak{D}$. In Analogie zu (1); (2) bilden wir die Integrale:

$$(1)' \qquad \bar{x}_{k_A} + \int_A^{C'} \bar{x}'_k \, d\alpha$$

$$(2)' \qquad \bar{x}_{k_A} + \int_A^{C''} \bar{x}^{\backprime}_k \, d\beta$$

mit den gleichen Integrationswegen wie vorhin.

Dabei bedeutet $\bar{x}_k$ die längs $\alpha + \beta = 0$ in bekannter Weise definierte Folge von Stufenfunktionen der Anfangswerte: $\bar{x}_k$ konstant in $\sigma_{\mu,-\mu}$ gleich $(x_k)_{\mu,-\mu}$.

Offenbar kann man die vorigen Schlüsse wiederholen. Aus der bewiesenen Gleichmäßigkeit der Konvergenz von $\bar{x}'_k$ und $\bar{x}^{\backprime}_k$ gegen in $\mathfrak{D}$ stetige Grenzfunktionen folgt diejenige der Folgen der Integrale (1)' bzw. (2)' gegen eine in $\mathfrak{D}$ stetige Grenzfunktion x. Die Limites von (1)' und (2)' führen auf dieselbe Funktion; denn in den Gitterpunkten haben die Integrale stets die gleichen Werte, wie sie auch das Differenzenverfahren liefert. Aus Gründen der Stetigkeit folgt daher auch die Übereinstimmung der Funktionswerte nach dem Grenzübergang in den nicht zu $\mathfrak{M}$ gehörigen Punkten von $\mathfrak{D}$.

Die stetigen Funktionen $x(\alpha, \beta)$, $y(\alpha, \beta) \cdots q(\alpha, \beta)$ (wir denken uns die soeben durchgeführten Betrachtungen bereits für die übrigen Funktionen durchgeführt), nehmen längs L die vorgeschriebenen Anfangswerte an und haben die stetigen partiellen Ableitungen x' und $x^{`}$ bzw. $y'$ und $y^{`}$ q' und $q^{`}$.

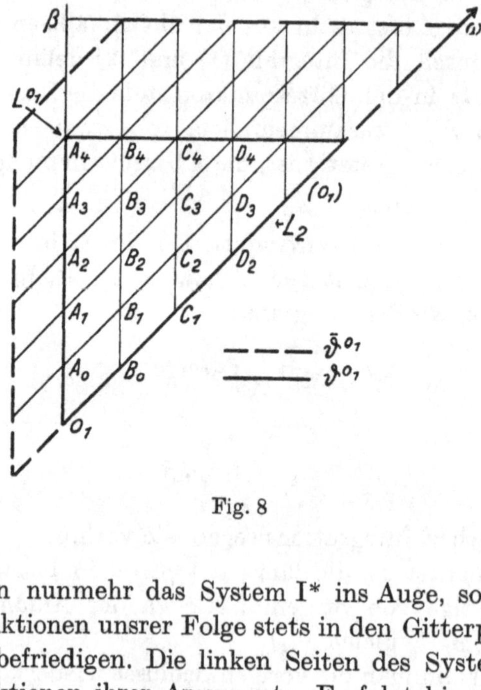

Fig. 8

Faßt man nunmehr das System I* ins Auge, so sieht man, daß die Funktionen unsrer Folge stets in den Gitterpunkten das System I* befriedigen. Die linken Seiten des Systems I* sind stetige Funktionen ihrer Argumente. Es folgt hieraus, daß die soeben konstruierten Grenzfunktionen $x, x', x^{`} \cdots q, q', q^{`}$ I nicht allein auf der Punktmenge $\mathfrak{M}$ befriedigen, sondern auch in den übrigen Punkten von $\mathfrak{D}$. Damit ist für den Bereich $\mathfrak{D}$ die Existenz von Lösungen des Problems A bewiesen.

Ad B_4: Wir denken uns $h_1 < h_0^{IV}$ (h_1 = größte zugelassene Maschenweite unserer Gitterfolgen) und den Bereich:

$$\mathfrak{D}^{0_1}: 2^{-0_1} h_1 \leq \alpha \leq \bar{s};\ 2^{-0_1} h_1 \leq \beta \leq \bar{s}\ \ \alpha - \beta \leq 0$$

von vornherein so gewählt, daß der in der β-Richtung um $2h_1$ vergrößerte Bereich: $\bar{\mathfrak{D}}^{0_1}$ auch noch die Bedingungen des vorhin mit $\mathfrak{D}$ bezeichneten Bereiches erfüllt (vgl. Fig. 8). 0_1 werde für das weitere gleich Null angenommen.

Der Bereich $\mathfrak{D}$ werde in halboffene Rhomben $\sigma_{\mu\nu}$ aufgeteilt. $\sigma_{\mu\nu}$ hat jetzt die Eckpunkte:

$$(\mu h, \nu h);\ [\mu h, (\nu + 1)h];\ [(\mu - 1)h, \nu h];\ \ [(\mu - 1)h, (\nu - 1)h]$$

Die von dem Eckpunkt $(\mu h, \nu h)$ ausgehenden halboffenen Rhombenseiten sollen mit $(\mu h, \nu h)$ zu $\sigma_{\mu\nu}$ gehören. Die Zählung der Gitterquadrate erfolgt vom Punkte O_1 aus, der wegen $0_1 = 0$ die Koordinaten (h_1, h_1) hat.

Wiederum führen wir die folgenden Betrachtungen nur an der Funktion x durch.

Es werden zunächst die folgenden Bezeichnungen vereinbart:

Ein Strich über dem Funktionszeichen soll stets wie vordem eine Stufenfunktion kennzeichnen. Ein Strich darunter soll bedeuten, daß auftretende Differenzenquotienten in der α-Richtung nach der negativen Achsenrichtung hin zu bilden sind.

Wir definieren jetzt eine Stufenfunktion: $\bar{\underline{x}}_h^{\prime\wedge}$, indem wir $\bar{\underline{x}}_h^{\prime\wedge}$ in jedem Elementarbereich $\sigma_{\mu\nu}$ konstant gleich $(x_h^{\prime\wedge})_{(\mu-1),\,\nu}$ setzen. Dabei gibt in bekannter Weise der Index den zu betrachtenden Gitterpunkt an.

Im Rhombus $C_2\, C_3\, B_2\, B_1$ hat z. B. die soeben eingeführte Stufenfunktion den Wert:

$$\frac{1}{h}\left[\frac{x_{C_3}-x_{B_3}}{h}-\frac{x_{C_2}-x_{B_2}}{h}\right]=\frac{1}{h}\left[\frac{x_{B_3}-x_{C_3}}{-h}-\frac{x_{B_2}-x_{C_2}}{-h}\right]$$

Wir betrachten die bereits in A_4 herangezogene Folge der Gitterteilungen G_k. $\bar{\underline{x}}_h^{\prime\wedge}$ ist für jedes $h \le h_1$ in jedem Punkt von $\mathfrak{D}^{0_1}$ definiert und nach dem früheren gleichmäßig in bezug auf h beschränkt.

Aus dem Resultat am Schlusse von B_3 folgt, daß die Grenzschwankung der Funktionenfolge: $\bar{\underline{x}}_k^{\prime\wedge}$ in $\mathfrak{D}^{0_1}$ verschwindet, wobei der Index k wieder wie in A_4 zu der betrachteten Folge der Gitterteilungen G_k korrespondiert. Wir wählen aus G_k eine Teilfolge aus, daß die $\bar{\underline{x}}_k^{\prime\wedge}$ gleichmäßig in $\mathfrak{D}^{0_1}$ gegen eine stetige Grenzfunktion konvergieren. Diese Folge werden wir für das weitere in Betracht ziehen. Wir definieren jetzt in der Außenreihe der Rhomben $\sigma_{o\nu}$ Stufenfunktionen: $\bar{x}_k^{\backprime}$, indem wir in $\sigma_{o\nu}$ $\bar{x}_k^{\backprime}$ konstant gleich $(x_k^{\backprime})_{o,\nu h}$ = Wert des Differenzenquotienten $x_k^{\backprime}$ im Punkte $(o, \nu h)$ bei der Gitterteilung G_k, setzen. Aus den gleichen Gründen wie früher können wir aus unserer Gitterfolge eine Teilfolge auswählen, so daß $\bar{x}_k^{\backprime}$ längs L_{0_1} gleichmäßig gegen eine stetige Grenzfunktion konvergiert. Die Integrale:

$$\bar{x}_{k_{A_i}}^{\backprime} + \int_{A_i} \bar{x}_k^{\prime\backprime}\, d\alpha \tag{1}$$

wobei der Integrationsweg stets parallel zur α-Achse verläuft, konvergieren für $\lim k \to \infty$ mit $\bar{x}_k^{\backprime}$ gleichmäßig in $\mathfrak{D}^{0_1}$ gegen eine stetige Grenzfunktion $x^{\backprime}$. Hierbei ist zu beachten, daß (1) in den Gitterpunkten stets mit den entsprechenden Werten des Differenzenverfahrens übereinstimmt. Es ist beispielsweise:

$$\frac{x_{A_4}-x_{A_3}}{h} + \frac{1}{h}\cdot h\left[\frac{x_{B_4}-x_{B_3}}{h} - \frac{x_{A_4}-x_{A_3}}{h}\right] = \frac{x_{B_4}-x_{B_3}}{h}$$

aber auch:

$$\frac{x_{A_4}-x_{A_3}}{h} + h\frac{1}{h}\left[\frac{x_{A_4}-x_{B_4}}{-h} - \frac{x_{A_3}-x_{B_3}}{-h}\right] = \frac{x_{B_4}-x_{B_3}}{h}$$

oder:

$$\frac{x_{A_4}-x_{A_3}}{h} + h\,\bar{x}_{B_3}^{\prime\backprime} = \frac{x_{B_4}-x_{B_3}}{h} \to x_{A_3}^{\backprime} + \int_{A_3}^{B_3} \bar{x}^{\prime\backprime}\, d\alpha = x_{B_3}^{\backprime} \qquad \text{usw.}$$

Wir definieren für alle Unterteilungen Stufenfunktionen: $\bar{x}_k^{\backprime}$ in $\mathfrak{D}^{0_1}$, indem wir $\bar{x}_k^{\backprime}$ in jedem Elementarbereich $\sigma_{\mu\nu}$ konstant gleich $(x_k^{\backprime})_{\mu h,\nu h}$ setzen. Betrachten wir dann wieder obige Gitterfolge, so folgt die Gleichmäßigkeit der Konvergenz der Folge: $\bar{x}_k^{\backprime}$ erst recht aus der gleichmäßigen Konvergenz der durch die Integrale (1) definierten Folge. Da die Funktionen beider Folgen in den Gitterpunkten übereinstimmen, folgt, weil $\mathfrak{M}$ in $\mathfrak{D}^{0_1}$ dicht liegt, und $x^{\backprime}$ stetig ist, die Übereinstimmung:

$$\lim \bar{x}_k^{\backprime} = x^{\backprime}$$

Längs der Rhombenreihe $\sigma_{\mu\mu}$ längs $L_2^{(0_1)}$ werde jetzt eine weitere Folge von Stufenfunktionen: $\bar{x}_k^{\prime}$ definiert, indem wir jeweils in $\sigma_{\mu\mu}$, $\bar{x}_k^{\prime}$ konstant gleich dem durch das Differenzenverfahren gelieferten Wert von x'_k im Gitterpunkt $(\mu - 1)h, \mu h$ setzen.

Nach den Ergebnissen in B_3 stellt die Folge: $\bar{x}'_k$ auf $L_2^{(0_1)}$ eine Folge gleichmäßig beschränkter Funktionen mit verschwindender Grenzschwankung dar. Folglich können wir unsre Schlüsse wiederholen und aus der bisher ins Auge gefaßten Gitterfolge G_k eine Teilfolge auswählen (wir bezeichnen dieselbe wiederum mit G_k), so daß: $\bar{x}'_k$ für $k \to \infty$ gleichmäßig gegen eine längs $L_2^{(0_1)}$ stetige Grenzfunktion konvergieren:

$$\lim \bar{x}'_k = x'$$

Die weiteren Erörterungen sollen sich stets auf diese Folge G_k beziehen.

Alsdann definieren wir die Folge der Integrale:

$$(2) \qquad \left(\bar{x}'_k\right)_Q + \int_Q \bar{x}^{\wedge}_k \, d\beta$$

Hierbei verlaufe der Integrationsweg von Q auf $L_2^{(0_1)}$ aus längs der durch Q gehenden Parallelen zur β-Achse. Man erkennt sogleich, durch die Integrale (2) werden für alle k in den Gitterpunkten von $\mathfrak{D}^{(0_1)}$ Werte x'_k bestimmt, welche mit den entsprechenden durch das Differenzenverfahren definierten hinteren Differenzenquotienten übereinstimmen. Nach dem vorigen konvergiert die Folge (2) in $\mathfrak{D}^{(0_1)}$ gleichmäßig gegen eine stetige Grenzfunktion: x' von α, β. Die den Integralen (2) in Analogie zu dem früheren entsprechenden Stufenfunktionen: $\bar{x}'_k$ konstant in $\sigma_{\mu\nu}$ gleich $(x'_k)_{(\mu-1)h,\,\nu h}$, konvergieren daher ebenfalls gleichmäßig in $\mathfrak{D}^{0_1}$ gegen x', was genau wie vorhin folgt.

Die Folge der Integrale (3):

$$(3) \qquad \left(\bar{x}_k\right)_{A_i} + \int_{A_i} \bar{x}'_k \, d\alpha$$

(Der Integrationsweg verlaufe von A_i auf L_{0_1} längs der durch A_i gehenden Parallelen zur α-Achse) konvergiert nach dem letzten Resultat wiederum gleichmäßig in $\mathfrak{D}^{(0_1)}$ gegen eine stetige Grenzfunktion x. $\bar{x}_k$ kennzeichne diejenige Stufenfunktion, die in der Rhombenreihe $\sigma_{o\nu}$ wie folgt definiert ist:

$$(\bar{x}_k)\,\sigma_{o\nu} = (x_k)_{o,\,\nu h}$$

(3) stimmt für alle k in den Gitterpunkten mit denjenigen Werten x_k überein, die auch das Differenzenverfahren liefert. Der Index k korrespondiere dabei mit einer Teilfolge der vorigen, für welche $\bar{x}_k$ gegen eine längs L_{0_1} stetige Grenzfunktion konvergiert. Die Möglichkeit der Wahl einer solchen Teilfolge ergibt sich wie früher.

Die Grenzfunktion x hat in $\mathfrak{D}^{0_1}$ die stetigen partiellen Ableitungen: $\underline{x}'$; $x^{\backprime}$.

Letzteres sieht man wie folgt ein:

Wir bilden in den Bereichen $\sigma_{\mu\mu}$ längs $L_2^{(0_1)}$ in gewohnter Weise die Stufenfunktionenfolge: $\bar{x}_k$ (hierbei ist $\bar{x}_k$ in $\sigma_{\mu\mu}$ konstant gleich dem Wert von x_k gesetzt, der sich nach dem Differenzenverfahren im Gitterpunkt $(\mu h, \mu h)$ errechnet).

Aus dem letzten Resultat folgt für die Integrale (4):

$$(4) \qquad \left(\bar{x}_k\right)_R + \int\limits_R \bar{x}_k^{\backprime}\, d\beta$$

(Der Integrationsweg verlaufe von R auf $L_2^{(0_1)}$ längs der Parallelen zur β-Achse), daß diese Folge für $k \to \infty$ gleichmäßig gegen eine in $\mathfrak{D}^{(0_1)}$ stetige Grenzfunktion konvergiert. Da obendrein (4) in den Gitterpunkten jeweils mit den entsprechenden Werten des Differenzenverfahrens übereinstimmt, folgt aus Gründen der Stetigkeit sogleich die Behauptung.

Die soeben konstruierten Funktionen: $x(\alpha, \beta)$, $y(\alpha, \beta) \cdots q(\alpha, \beta)$ befriedigen in $\mathfrak{D}^{0_1}$ das System I der partiellen Differentialgleichungen und befriedigen längs des zu $\mathfrak{D}^{(0_1)}$ gehörigen Teiles von L_2 die Randbedingungen.

Zu diesem Zweck beachte man wieder, daß die linken Seiten des Systems II′ stetige Funktionen ihrer Argumente sind, und daß die Werte der Stufenfunktionen: $\bar{x}_k \ldots$, in zwei benachbarten Gitterpunkten, jeweils beim Grenzübergang $k \to \infty$ gleichmäßig ineinander übergehen. Die Funktionen: $x(\alpha, \beta) \cdots q(\alpha, \beta)$ befriedigen das System I nicht nur auf der Punktmenge $\mathfrak{M}$, sondern auch in den übrigen Punkten von $\mathfrak{D}^{0_1}$. In analoger Weise bestätigt man, daß die vorgelegten Differentialrelationen längs $\alpha - \beta = 0$ auf $L_2^{(0_1)}$ erfüllt sind.

Wir greifen jetzt eine Folge positiver ganzer Zahlen: $0_1 < 0_2 < 0_3 < \cdots$, $\lim 0_i \to \infty$ heraus. Aus der Indexfolge (k), welche sich auf das soeben konstruierte Lösungssystem bezog, können wir offenbar in der beschriebenen Weise eine Teilfolge (k') auswählen, so daß diese ein Lösungssystem für den Bereich $\mathfrak{D}^{0_2}$ liefert. Das neue Lösungssystem stimmt in $\mathfrak{D}^{0_1}$ natürlich mit dem alten überein. Wir fahren in dieser Weise fort, es ergibt sich, wenn $0_i \to \infty$ strebt, schließlich ein Lösungssystem:

$$(*) \qquad x(\alpha, \beta),\ y(\alpha, \beta) \cdots q(\alpha, \beta)$$

mit stetigen partiellen Ableitungen: x'; $x^{`} \cdots$; $x'^{`} \cdots$, das in $\underline{\mathfrak{D}}$:

$$0 < \alpha \leq \bar{s}, \quad 0 < \beta \leq \bar{s}, \quad \alpha - \beta \leq 0$$

definiert ist.

Wir betrachten die Funktionswerte von $x \cdots q$ nebst obigen Ableitungen längs L_{0_i} und behaupten, daß dieselben für $i \to \infty$ gleichmäßig gegen stetige Grenzfunktionen konvergieren. In der Tat: wir brauchen, um dies einzusehen, nur die Ergebnisse von S. 21 und die gleichmäßige Beschränktheit der ersten Differenzenquotienten zu berücksichtigen und beachten, daß die Abschätzungen nach Ausführung des Grenzübergangs erhalten bleiben. Durch die jeweiligen Grenzwerte definieren wir die obigen Funktionen (*) auch längs L_1 und erhalten so endgültig ein Lösungssystem: $x \cdots q$ des Problems B mit stetigen partiellen Ableitungen: x', $x^{`} \cdots q'\, q^{`}$; $x'^{`} \cdots q'^{`}$ in $\mathfrak{D}$:

$$0 \leq \alpha \leq \bar{s}; \quad 0 \leq \beta \leq \bar{s}, \quad \alpha - \beta \leq 0,$$

welches längs $\alpha = 0$ die vorgeschriebenen Anfangswerte annimmt und längs L_2 den Randrelationen genügt. Das letztere folgt sogleich unter Beachtung der Gleichmäßigkeit der Konvergenz und der Tatsache, daß in den Gitterpunkten längs L_1 die Funktionswerte mit den entsprechenden Anfangswerten übereinstimmen.

Ad C_4: Als Elementarbereiche wählt man hier die Gitterquadrate selbst. Im übrigen ist der weitere Verlauf des Beweises aus den entsprechenden Beweisen A_4 und B_4 ohne weiteres ersichtlich.

Die Eindeutigkeit der Lösungen

Ad B_5: Es seien zwei Lösungssysteme: $x, y \cdots q$; $\bar{x}, \bar{y} \cdots \bar{q}$ der Differentialgleichungen I vorgelegt, die längs L_1, L_2 die vorgegebenen Bedingungen erfüllen. Wir haben daher:

$$
(\mathrm{I}) \quad \begin{cases}
(1) & \begin{array}{ll} a_i x' + b_i y' + \quad = 0 & i = 1, 2, 3 \\ \bar{a}_i \bar{x}' + \bar{b}_i \bar{y}' + \cdots = 0 & i = 1, 2, 3 \end{array} \\
(2) & \begin{array}{ll} a_i x^{\backprime} + b_i y^{\backprime} + \quad = 0 & i = 4, 5 \\ \bar{a}_i \bar{x}^{\backprime} + \bar{b}_i \bar{y}^{\backprime} + \cdots = 0 & i = 4, 5 \end{array} \\
(3) & \begin{array}{ll} m_i \dot{x} + n_i \dot{y} + \cdots = 0 & i = 1, 2 \\ \bar{m}_i \dot{\bar{x}} + \bar{n}_i \dot{\bar{y}} + \cdots = 0 & i = 1, 2 \end{array}
\end{cases}
$$

Die Koeffizienten: $a_i \cdots e_i$ von (1), (2) seien zweimal stetig nach ihren Argumenten, die $m_i \cdots s_i$ von (3) einmal stetig differenzierbar. Ferner seien für beide Lösungssysteme die gemischten Ableitungen: $x'^{\backprime}$; $\bar{x}'^{\backprime} \cdots q'^{\backprime}$, $\bar{q}'^{\backprime}$ überall in $\mathfrak{D}$ vorhanden und stetig. Die Determinante: $\Delta(\bar{a}, \bar{e})$ sei in $\mathfrak{D}$, die Determinante: $\Delta(\bar{a}, \bar{m})$ längs L_2 ungleich Null. Unter diesen Voraussetzungen wird gezeigt, daß überall in $\mathfrak{D}$: $x = \bar{x}$, $y = \bar{y} \cdots \bar{q} = q$ gilt.

Wir ziehen die beiden aus (I) durch Differentiation hervorgehenden Systeme in Betracht:

$$
(\mathrm{II}) \begin{cases}
\text{a)} & a_i x'^{\backprime} + b_i y'^{\backprime} + \quad = - a_i^{\backprime} x' - \cdots - e_i^{\backprime} q' & i = 1, 2, 3 \\
\text{b)} & a_i x'^{\backprime} + b_i y'^{\backprime} + \quad = - a_i' x^{\backprime} - \cdots - e_i' q^{\backprime} & i = 4, 5 \\
\text{c)} & \bar{a}_i \bar{x}'^{\backprime} + \bar{b}_i \bar{y}'^{\backprime} + \quad = - \bar{a}_i^{\backprime} \bar{x}' - \cdots - \bar{e}_i^{\backprime} \bar{q}' & i = 1, 2, 3 \\
\text{d)} & \bar{a}_i \bar{x}'^{\backprime} + \bar{b}_i \bar{y}'^{\backprime} + \quad = - \bar{a}_i' \bar{x}^{\backprime} - \cdots - \bar{e}_i' \bar{q}^{\backprime} & i = 4, 5
\end{cases}
$$

Aus Stetigkeitsgründen folgt, wenn wir wie früher die α, β-Ebene mit einem quadratischen Gitter überdecken und in (I/II). die Ableitungen durch die entsprechenden Differenzenquotienten ersetzen, das gleiche Schema, nur daß auf den rechten Seiten jeweils Korrekturgrößen ε_j; Max $|\varepsilon_j| = \varepsilon$ anzubringen sind, die mit der Maschenweite h gleichmäßig in $\mathfrak{D}$ gegen Null streben. Ferner folgt analog ein Schema (III):

$$\text{(III)}\quad \begin{cases} m_i x' + n_i y' + \cdots = - m_i x^{\backprime} - n_i y^{\backprime} - \cdots + \sigma_i & i = 1, 2 \\ \bar{m}_i \bar{x}' + \bar{n}_i \bar{y}' + \cdots = - \bar{m}_i \bar{x}^{\backprime} - \bar{n}_i \bar{y}^{\backprime} - \cdots + \sigma_i' & i = 1, 2 \end{cases}$$

mit Korrekturgrößen σ_i, σ_i', Max $|\sigma_i|, |\sigma_i'| = \sigma$, welche ebenfalls mit h gleichmäßig gegen Null konvergieren. (Die Differenzenquotienten streben in $\mathfrak{D}$ gleichmäßig gegen ihre zugehörigen Differentialquotienten.) Wir geben uns jetzt eine Größe η vor und bestimmen h_0 so klein, daß für $h < h_0$ erstens:

$$|\bar{x}' - x'|_{A_0}, \qquad |\bar{q}' - q'|_{A_0}$$

kleiner als η bleiben. Dies läßt sich sicher erreichen, da letztere Differenzen mit h gegen Null konvergieren, wie man leicht erkennt. Zweitens soll 4. Max $(\sigma, \varepsilon) < \eta$ sein.

Die Subtraktion entsprechender Gleichungen (II) und (III) liefert:

$$\text{(IV)}\quad \begin{cases} \text{a)} \begin{cases} \bar{a}_i (\bar{x}'^{\backprime} - x'^{\backprime}) + \cdots \\ = - x'^{\backprime} (\bar{a}_i - a_i) - \bar{a}_i^{\backprime} (\bar{x}' - x') - x' (\bar{a}_i^{\backprime} - a_i^{\backprime}) - \cdots + \varepsilon_i' \\ \qquad\qquad i = 1, 2, 3 \\ \bar{a}_i (\bar{x}'^{\backprime} - x'^{\backprime}) + \\ = - x'^{\backprime} (\bar{a}_i - a_i) - \bar{a}_i' (\bar{x}^{\backprime} - x^{\backprime}) - x^{\backprime} (\bar{a}_i' - a_i') - \cdots + \varepsilon_i' \\ \qquad\qquad i = 4, 5 \end{cases} \\ \text{b)} \begin{cases} \bar{a}_i (\bar{x}' - x') + \quad = - x' (\bar{a}_i - a_i) - \cdots + \bar{\bar{\sigma}}_i \quad i = 1, 2, 3 \\ \bar{m}_i (\bar{x}' - x') + \\ = - x' (\bar{m}_i - m_i) - \bar{m}_i (\bar{x}^{\backprime} - x^{\backprime}) - x^{\backprime} (\bar{m}_i - m_i) - \cdots + \bar{\sigma}_i \\ \qquad\qquad i = 1, 2 \end{cases} \end{cases}$$

$$\text{Max } |\varepsilon_i'| \leq 2\varepsilon; \quad \text{Max } |\bar{\bar{\sigma}}_i| \leqq 2\varepsilon; \quad \text{Max } |\bar{\sigma}_i| \leqq 2\sigma$$

Wir setzen in (IV) a) für die Ausdrücke: $(\bar{a}_i^{\backprime} - a_i^{\backprime})$ bzw. $(\bar{a}_i' - a_i') \cdots$[1]) diejenigen ein, die entstehen aus:

$$\bar{a}_i^{\backprime} = \frac{\partial \bar{a}_i}{\partial \bar{x}} \bar{x}^{\backprime} + \cdots; \; a_i^{\backprime} = \frac{\partial a_i}{\partial x} x^{\backprime} + \cdots; \to (\bar{a}_i^{\backprime} - a_i^{\backprime})$$
$$= \frac{\partial \bar{a}_i}{\partial \bar{x}} (\bar{x}^{\backprime} - x^{\backprime}) + x^{\backprime} \left(\frac{\partial \bar{a}_i}{\partial \bar{x}} - \frac{\partial a_i}{\partial x} \right) \cdots$$

Hierbei unterscheiden sich die $\bar{a}_i \cdots$ von den a_i und $\frac{\partial \bar{a}_i}{\partial \bar{x}}$ von den $\frac{\partial a_i}{\partial x} \cdots$, nur daß in diesen Ausdrücken stets $\bar{x} \cdots$ durch $x, \cdots \bar{q}$ durch q zu ersetzen sind.

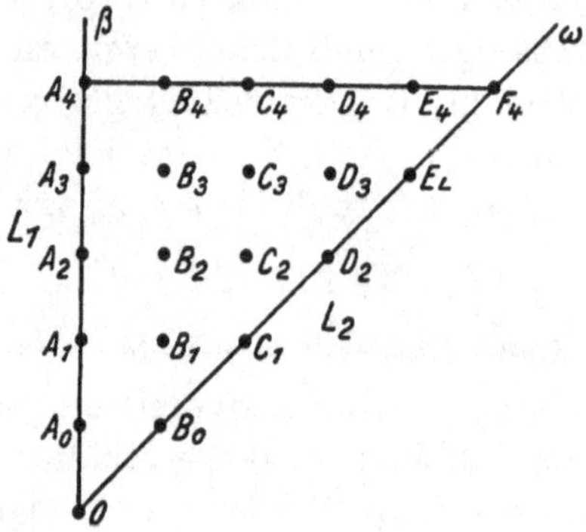

Fig. 9

Eine analoge Zusammenfassung führen wir bei den Gliedern: $(\bar{a}_i' - a_i') \cdots$ durch.

Wir benützen (IV)·a), um die Differenzen: $|\bar{x}' - x'| \cdots |\bar{q}' - q'|$ an L_1 schrittweise abzuschätzen. Auf L_1 gilt zunächst nach Voraussetzung:

$$\bar{a}_i = a_i, \quad \bar{x}^{\backprime} = x^{\backprime}; \quad \bar{a}_i^{\backprime} = a_i^{\backprime} \cdots$$

IV. a) liefert im Punkte A_0:

$$|\bar{x}'^{\backprime} - x'^{\backprime}|_{A_0} < \eta M \cdots$$

wobei M eine für den ganzen Bereich $\mathfrak{D}$ gültige von h unabhängige Konstante bedeutet.

[1]) wie vorher in (II).

Folglich hat man:

$$|\bar{x}' - x'|_{A_1} < \eta + \eta M h = \eta(1 + hM) \cdots$$

Der nächste Schritt liefert:

$$|\bar{x}'' - x''|_{A_1} < \eta(1 + hM)\, M$$

also für:

$$|\bar{x}' - x'|_{A_2} < \eta(1 + hM) + \eta(1 + hM)hM = \eta(1 + hM)^2 \cdots$$

oder für A_k: $\quad |\bar{x}' - x'|_{A_k} < \eta(1 + hM)^k \cdots$

also nach den früheren Schlüssen:

(1) $$|\bar{x}' - x'|_{L_1} < \eta e^L, \qquad |\bar{q}' - q'|_{L_1} < \eta e^L$$

längs L_1 unabhängig von h. Weiter gelten die folgenden Abschätzungen:

(2) $$|\bar{x}'' - x''|_{L_1} < \eta e^L M; \cdots |\bar{q}'' - q''|_{L_1} < \eta e^L M$$

Folglich längs der zweiten Kolonne der B_i:

(3) $$|\bar{x}' - x'| < h\eta e^L M; \cdots |\bar{q}' - q'| < h\eta e^L M$$

(4) $$|\bar{x} - x| < h\eta e^L; \cdots |\bar{q} - q| < h\eta e^L$$

Wir fassen jetzt das System (IV b) im Punkte B_1 ins Auge; dies wird eine Abschätzung von: $|\bar{x}' - x'|_{B_1}$ $|\bar{q}' - q'|_{B_1}$ liefern. Wir wenden zu dem Zwecke auf die Differenzen:

$$(\bar{a}_i - a_i) \cdots (\bar{m}_i - m_i) \cdots$$

den Mittelwertsatz an und finden, daß unter Beachtung von (3), (4) für die rechten Seiten Σ_i von (IV b) gilt:

$$|\Sigma_i| < Kh\eta e^L + TMh\eta e^L + 2\,\mathrm{Max}(\sigma, \varepsilon)$$

Hierbei sind K, T für $\mathfrak{D}$ gültige von h unabhängige Konstanten. Wählen wir jetzt h_0 so klein, daß für $h < h_0$ das Glied:

(*) $$(K + TM)\, e^L \eta h < \frac{\eta}{2}$$

wird, so bleiben die rechten Seiten von (IV b) absolut kleiner als η, und wir erhalten die Abschätzung:

(5) $$|\bar{x}' - x'|_{B_1} < \eta S; \cdots |\bar{q}' - q'|_{B_1} < \eta S$$

wobei $S > 1$ wieder eine feste für ganz $\mathfrak{D}$ gültige von h unabhängige Konstante bedeuten soll. Nun bezeichnen wir mit δ eine positive Größe, für die die Ungleichung:

$$\delta(KS\eta e^L + TMS\eta e^L) < \frac{\eta}{2} \rightarrow \delta < \frac{1}{2\,S\,e^L(K+TM)}$$

erfüllt sei. Ist $h_0 < \delta S$, dann gilt jedenfalls (5). Die Differenzen:

$$|\bar{x}'^{\backprime} - x'^{\backprime}| \cdots |\bar{q}'^{\backprime} - q'^{\backprime}|$$

in der zweiten Kolonne werden jetzt mit Hilfe von (IV a) abgeschätzt. Die Summen Φ_i derjenigen Glieder auf den rechten Seiten von (IV a):

$$x'^{\backprime}(\bar{a}_i - a_i) \cdots x'(\bar{a}_i^{\backprime} - a_i^{\backprime}) \cdots \bar{a}_i'(\bar{x}^{\backprime} - x^{\backprime}) \cdots \left(\frac{\partial \bar{a}_i}{\partial \bar{x}} - \frac{\partial a_i}{\partial x}\right) x'$$

die beim vorigen analogen Schritt verschwanden, lassen sich unter Beachtung von (3), (4) wieder mit Hilfe des Mittelwertsatzes abschätzen:

$$(**) \qquad |\Phi_i| < R_1 e^L h\eta + R_2 e^L M h\eta$$

auch hier sind R_1 und R_2 feste für ganz $\mathfrak{D}$ gültige Konstanten. Ist ϱ eine der Ungleichung:

$$\varrho[S R_1 e^L \eta + S R_2 e^L M\eta] < \frac{\eta}{2}, \rightarrow \varrho < \frac{1}{2\,e^L(S R_1 + S R_2 M)}$$

genügende positive Größe, und werde $h < h_0 < \varrho S$ gewählt, so gilt jedenfalls:

$$h\eta e^L(R_1 + R_2 M) < \frac{\eta}{2}$$

und wir können wie vorhin den Beitrag letzterer Glieder auf den rechten Seiten zu den Korrekturgrößen bei der Abschätzung schlagen. Man erkennt unter Beachtung von (5):

$$|\bar{x}'^{\backprime} - x'^{\backprime}|_{B_1} < \eta S M \cdots |\bar{x}' - x'|_{B_2} < \eta S + h\eta S M = \eta S(1 + hM) \cdots$$

$$|\bar{x}'^{\backprime} - x'^{\backprime}|_{B_2} < \eta S(1 + hM)M; \cdots |\bar{x}' - x'|_{B_3} < \eta S(1 + hM)$$

$$+ hM\eta S(1 + hM) = \eta S(1 + hM)^2 \cdots$$

also schließlich nach den früheren Schlüssen:

(6) $$|\bar{x}' - x'|_{B_i} < \eta S e^L \cdots$$

(7) $$|\bar{x}'' - x''|_{B_i} < \eta S e^L M$$

(8) $$|\bar{x}^{\backprime} - x^{\backprime}|_{C_i} < h\eta e^L M + h\eta S e^L M < 2h\eta S M e^L \cdots$$

(9) $$|\bar{x} - x|_{C_i} < h\eta e^L + h\eta S e^L < 2h\eta S e^L \cdots$$

unabhängig von $h < h_0$, gleichmäßig für alle Gitterpunkte der Kolonnen B und C. Nunmehr wählen wir die Ungleichungen (6) bis (9) zum Ausgangspunkt wie vorhin diejenigen von (1) bis (4). An Stelle der Ungleichung (*) tritt die folgende:

$$K\eta e^L \cdot 2Sh + TM\eta e^L\ 2Sh = 2h(SK\eta e^L + STM\eta e^L) < \frac{\eta}{2}$$

Ist $2h < \delta$, so kann man das Verfahren fortsetzen und gelangt zur dritten Kolonne. Man hat wieder:

$$|\bar{x}' - x'|_{C_2} < \eta S \cdots$$

Die Ungleichungen (**) lauten jetzt:

$$2h\eta e^L S(R_1 + R_2 M) < \frac{\eta}{2}$$

Ist $2h < \varrho$, so kann man analog wie vorhin schließen und erhält:

(10) $$|\bar{x}' - x'|_{C_i} < \eta S e^L \cdots$$

(11) $$|\bar{x}'' - x''|_{C_i} < \eta S e^L M$$

(12) $$|\bar{x}^{\backprime} - x^{\backprime}|_{D_i} < 3h\eta S M e^L \cdots$$

(13) $$|\bar{x} - x|_{D_i} < 3h\eta S e^L \cdots$$

für jeden Punkt C_i, D_i der Kolonnen, unabhängig von

$$h < h_0 < \operatorname{Min}\left(\frac{\delta}{2}, \frac{\varrho}{2}\right)$$

Nunmehr erkennen wir: Man kann das Verfahren fortsetzen, sofern nur beim k-ten Schritt noch $k \cdot h < \operatorname{Min}(\delta, \varrho)$ bleibt. Da sämtliche Konstanten der Abschätzung von h unabhängig sind und $k \cdot h < \bar{s}$ bleibt für einen Streifen, der von $\alpha = 0$ und der Geraden $\alpha = \bar{s}$ begrenzt wird, so kann man sicher im Streifen:

$0 \leqq \alpha \leqq \bar{s} = \mathrm{Min}(\delta, \varrho)$ stets von genügend kleinen Maschenweiten ab das geschilderte Abschätzungsverfahren durchführen.

Im Streifen:

$$\Sigma: 0 \leqq \alpha \leqq \bar{s} \qquad \text{von } \mathfrak{D}$$

gelten dann gleichmäßig für alle genügend kleinen Maschenweiten in den jeweiligen Gitterpunkten die folgenden Abschätzungen:

$$|\bar{x} - x| < \bar{s} S e^L \eta; \cdots |\bar{x}^{\grave{}} - x^{\grave{}}| < \bar{s} S e^L M \eta, \cdots |\bar{x}' - x'| < S e^L \eta \cdots$$

Da η willkürlich gewählt werden kann, folgt die Identität der Lösungen x, $\bar{x}$; y, $\bar{y}$; q, $\bar{q}$ zunächst in den Gitterpunkten $\mathfrak{M} \subset \Sigma$, wenn wir etwa die bereits früher verwendete Gitterfolge G_k zugrunde legen. Aus Gründen der Stetigkeit gilt dann dasgleiche für alle Punkte von $\Sigma \subset \mathfrak{D}$. Wir können alsdann die gleichen Betrachtungen im angrenzenden Streifen:

$$\bar{s} \leqq \alpha \leqq 2\bar{s} \subset \mathfrak{D}$$

durchführen und so fortschreitend schließlich die Übereinstimmung der Lösungen im ganzen Bereich $\mathfrak{D}$ erweisen.

Ad A_5 und C_5: Die entsprechenden Eindeutigkeitsbeweise vereinfachen sich hier. Das einzuschlagende Verfahren ist dem vorhergehenden analog, so daß es sich erübrigt, die Beweise im einzelnen vorzutragen.

Die Probleme A und C haben unter den angegebenen Voraussetzungen in den jeweiligen Bereichen $\mathfrak{D}$ eindeutig bestimmte Lösungen mit stetigen gemischten partiellen Ableitungen.

Zum Schluß sei noch erwähnt, daß unsere Betrachtungen natürlich auch für Systeme I mit mehr als fünf abhängigen Variablen Gültigkeit besitzen.

BERICHTE ÜBER DIE VERHANDLUNGEN DER SÄCHSISCHEN AKADEMIE DER WISSENSCHAFTEN ZU LEIPZIG

MATHEMATISCH-NATURWISSENSCHAFTLICHE KLASSE

Erich Strack
Beobachtungen über den endogenen Anteil des Kot-Stickstoffes. DM 2.50

Ernst Hölder
Über die Variationsprinzipe der Mechanik der Kontinua. DM 2.75

H. Gerstner, H. Baark, H. Graul
Der Wechselstromwiderstand der Froschhaut. DM 2.75

Enno Heidebroek
Das Verhalten von zähen Flüssigkeiten, insbesondere Schmierflüssigkeiten, in engen Spalten. DM 5.80

Herbert Beckert
Über quasilineare hyperbolische Systeme partieller Differentialgleichungen 1. Ordnung mit zwei unabhängigen Variablen. Das Anfangswertproblem, die gemischte Anfangs-Randwertaufgabe,das charakteristische Problem (im Druck)

Hans Schubert
Über eine lineare Integrodifferentialgleichung mit Zusatzkern (im Druck)

Helmar Krupp
Bestimmung der allgemeinen Lösung der Schrödinger Gleichung für Ceulomb-Potential (im Druck)

Walter Schnee
Über magische Quadrate und lineare Gitterpunktprobleme (in Vorbereitung)

Enno Heidebroek
Über die Beziehungen zwischen Reibung und Verschleiß bei geschmierter Gleitreibung (in Vorbereitung)

Bestellungen an eine wissenschaftliche Buchhandlung oder an den Verlag erbeten

---

AKADEMIE-VERLAG BERLIN NW 7

ABHANDLUNGEN DER SÄCHSISCHEN AKADEMIE DER WISSENSCHAFTEN ZU LEIPZIG

MATHEMATISCH-NATURWISSENSCHAFTLICHE KLASSE

Im Druck:

GÜNTHER STERBA

Untersuchungen über die morphologischen und histogenetischen Thymusprobleme bei Xenopus laevia daudin nebst einigen Bemerkungen über die Morphologie der Kaulquappen

Bestell- und Verlagsnummer 2025/44/1

HELMUT HASSE

Zahlentheorie

Dieses Werk, das zu einer Gesamtdarstellung der modernen Zahlentheorie ausgebaut werden soll, enthält die Arithmetik des rationalen Zahlenkörpers, eine ausführliche Theorie der diskret bewerteten perfekten Körper mit endlichem Restklassenkörper und – auf dieser Grundlage entwickelt – die Arithmetik der algebraischen Zahlkörper unter Berücksichtigung auch der algebraischen Funktionenkörper einer Unbestimmten mit endlichem Konstantenkörper.

XII und 470 Seiten · 1949 · brosch. DM 44.– · gebd. DM 47.–

Bestellungen an eine wissenschaftliche Buchhandlung oder an den Verlag erbeten

---

AKADEMIE-VERLAG BERLIN NW 7

FSC
www.fsc.org
MIX
Papier | Fördert gute Waldnutzung
FSC® C083411

Zeitfracht Medien GmbH
Ferdinand-Jühlke-Straße 7
99095 Erfurt, Deutschland
produktsicherheit@kolibri360.de